2021

辛丑

1月

日	一	二	三	四	五	六
					1 元旦	2 十九
3 二十	4 廿一	5 小寒	6 廿三	7 廿四	8 廿五	9 廿六
10 廿七	11 廿八	12 廿九	13 十二月大	14 初二	15 初三	16 初四
17 初五	18 初六	19 初七	20 腊八节	21 初九	22 初十	23 十一
24 十二	25 十三	26 十四	27 十五	28 十六	29 十七	30 十八
31 十九						

2月

日	一	二	三	四	五	六
	1 二十	2 廿一	3 立春	4 小年	5 廿四	6 廿五
7 廿六	8 廿七	9 廿八	10 除夕	11 春节	12 初二	13 初三
14 初四	15 初五	16 初六	17 初七	18 雨水	19 初九	20 初十
21 十一	22 十二	23 十三	24 十四	25 十五	26 十六	27 十七
28 十八						

3月

日	一	二	三	四	五	六
	1 十八	2 十九	3 二十	4 廿一	5 惊蛰	6 廿三
7 廿四	8 妇女节	9 廿六	10 廿七	11 廿八	12 植树节	13 三月大
14 初二	15 初三	16 初四	17 初五	18 初六	19 初七	20 春分
21 初九	22 初十	23 十一	24 十二	25 十三	26 十四	27 十五
28 十六	29 十七	30 十八	31 十九			

4月

日	一	二	三	四	五	六
				1 二十	2 廿一	3 廿二
4 清明	5 廿四	6 廿五	7 廿六	8 廿七	9 廿八	10 廿九
11 三十	12 三月大	13 初二	14 初三	15 初四	16 初五	17 初六
18 初七	19 初八	20 谷雨	21 初十	22 十一	23 十二	24 十三
25 十四	26 十五	27 十六	28 十七	29 十八	30 十九	

5月

日	一	二	三	四	五	六
						1 国际劳动节
2 廿一	3 廿二	4 青年节	5 立夏	6 廿五	7 廿六	8 廿七
9 廿八	10 廿九	11 三十	12 四月小	13 初二	14 初三	15 初四
16 初五	17 初六	18 初七	19 初八	20 初九	21 小满	22 十一
23 十二	24 十三	25 十四	26 十五	27 十六	28 十七	29 十八
30 十九	31 二十					

6月

日	一	二	三	四	五	六
		1 国际儿童节	2 廿二	3 廿三	4 廿四	5 芒种
6 廿六	7 廿七	8 廿八	9 廿九	10 五月大	11 初二	12 初三
13 初四	14 端午节	15 初六	16 初七	17 初八	18 初九	19 初十
20 十一	21 夏至节	22 十三	23 十四	24 十五	25 十六	26 十七
27 十八	28 十九	29 二十	30 廿一			

7月

日	一	二	三	四	五	六
				1 建党节	2 廿三	3 廿四
4 廿五	5 廿六	6 小暑	7 廿八	8 廿九	9 三十	10 六月小
11 初二	12 初三	13 初四	14 初五	15 初六	16 初七	17 初八
18 初九	19 初十	20 十一	21 十二	22 大暑	23 十四	24 十五
25 十六	26 十七	27 十八	28 十九	29 二十	30 廿一	31 廿二

8月

日	一	二	三	四	五	六
1 建军节	2 廿四	3 廿五	4 廿六	5 廿七	6 廿八	7 立秋
8 三十	9 七月大	10 初二	11 初三	12 初四	13 初五	14 七夕节
15 初七	16 初八	17 初九	18 初十	19 十一	20 十二	21 十三
22 中元节	23 处暑	24 十六	25 十七	26 十八	27 十九	28 二十
29 廿一	30 廿二	31 廿三				

9月

日	一	二	三	四	五	六
			1 廿五	2 廿六	3 廿七	4 廿八
5 廿九	6 三十	7 白露	8 初二	9 初三	10 教师节	11 初五
12 初六	13 初七	14 初八	15 初九	16 初十	17 十一	18 十二
19 十三	20 十四	21 中秋节	22 十六	23 秋分	24 十八	25 十九
26 二十	27 廿一	28 廿二	29 廿三	30 廿四		

10月

日	一	二	三	四	五	六
					1 国庆节	2 廿六
3 廿七	4 廿八	5 九月大	6 初二	7 寒露	8 初四	9 初五
10 初六	11 初七	12 初八	13 初九	14 重阳节	15 十一	16 十二
17 十三	18 十四	19 十五	20 十六	21 十七	22 霜降	23 十九
24 二十	25 廿一	26 廿二	27 廿三	28 廿四	29 廿五	30 廿六
31 廿七						

11月

日	一	二	三	四	五	六
	1 廿七	2 廿八	3 廿九	4 三十	5 十月大	6 初二
7 立冬	8 初四	9 初五	10 初六	11 初七	12 初八	13 初九
14 初十	15 十一	16 十二	17 十三	18 十四	19 十五	20 十六
21 十七	22 小雪	23 十九	24 二十	25 廿一	26 廿二	27 廿三
28 廿四	29 廿五	30 廿六				

12月

日	一	二	三	四	五	六
			1 廿七	2 廿八	3 廿九	4 三十
5 冬月大	6 初二	7 大雪	8 初四	9 初五	10 初六	11 初七
12 初八	13 初九	14 初十	15 十一	16 十二	17 十三	18 十四
19 十五	20 十六	21 冬至	22 十八	23 十九	24 二十	25 廿一
26 廿二	27 廿三	28 廿四	29 廿五	30 廿六	31 廿七	

2021

粉彩窑开全青图天球瓶　高37.5cm　腹径27cm

　　本品采用法门天球造型，形制端庄大气。瓶上部以豆青釉为底，绘以描金图案。瓶身采用粉彩技法把开窑取瓷的场景真实记载下来。作品歌颂了陶瓷产业发展的成就。

　　"窑青"是地方窑工俚语，指烧窑的合格率。

　　"窑开全青"是指这一窑烧出的产品全为合格品。

2021
一月大

1

庚子年十一月小 **十八日**	廿二小寒	元旦 **星期五**

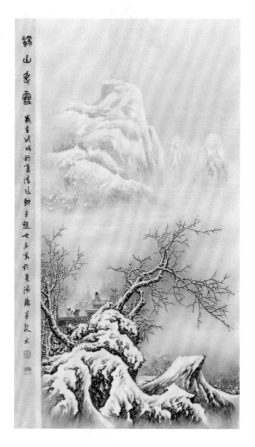

溪山瑞雪　赵世文　高80cm　宽44cm

　　纵观作者的系列雪景陶瓷作品，印象最深的仍是"气韵"。可以说，无论是从陶瓷语境的角度还是从中国画审美的标准来衡量，此作都是难得的匠心佳作。作品采用"高远"构图法，将近、中、远景层层推进，包蕴宏富，见解深微。特别是刻意显留瓷身本体釉色，使其不施铅粉亦能呈现晶莹玉洁的"留白"，达到衬托其画面意境贯通、气韵雅逸的效果。

赵世文

2

星期六

二九第四天 十九日	廿二小寒

3

星期日

二九第五天 二十日

青花缠枝牡丹纹梅瓶　元　高42.5cm　腹径24cm

青花瓷是以钴为色料，在坯胎上描绘纹样，施透明釉后经高温一次烧成的瓷器。

该器皿小口、溜肩、鼓腹，腹下渐内收，足底涩胎，器身自上而下分五层纹饰，青花呈色浓艳。

元代青花瓷是中原文化、蒙古文化与波斯文化相结合的产物，当时的青料是从波斯进口的，被称为"苏麻离青"。这种青料含氧化铁高，含氧化锰低，并含有砷，在还原焰中烧成，局部会呈现黑色结晶斑块，绘制纹饰线条具有晕散、流淌的特征。其装饰花纹与古代波斯金银器和地毯上的各种缠枝莲纹、莲花瓣纹、卷草纹、"S"形纹和回纹等在题材与结构上相同，在艺术风格上亦如出一辙。这说明了景德镇当时与西亚地区的交往和文化的相互影响。

2021
一月大

4

庚子年十一月小 **廿一日**	**明日小寒**	二九第六天 **星期一**

永乐青花折枝花果纹梅瓶　明永乐　高28.5cm　腹径18cm

　　明代永乐青花上承元朝，下启康乾。本品器型小口、丰肩、收腹。通体分三层装饰，肩部绘莲瓣纹，腹部绘六枝折枝瑞果纹，下绘蕉叶纹边脚，造型稳重。作品釉色青白，色泽深翠艳丽，青花有晕散现象，是永乐官窑中的上品。

景德镇中国陶瓷博物馆藏品

2021
一月大

5

庚子年十一月小 廿二日	今日小寒	小寒11时18分 星期二

宣德青花折枝花纹葵口斗笠碗　明宣德　高7.8cm　口径22.5cm

本品敞口，口沿为六瓣葵口式，斜壁，小圈足，呈斗笠状。碗内外用青花装饰，其中内壁绘有牡丹、莲花、栀子花等折枝花卉，外壁绘石榴、枇杷、沙果、葡萄、荔枝等瑞果纹，圈足饰卷草纹。把四季花卉和各种瓜果以折枝形式装饰在同一器物上，为宣德时期的典型装饰特征。底款用青花双圈楷书"大明宣德年制"。该器物无论是器型、料色还是装饰都达到了极高的工艺水平。

景德镇中国陶瓷博物馆藏品

6

庚子年十一月小 **廿三日**	初八大寒	二九第八天 **星期三**

宣德青花葡萄纹菱口盘　明宣德　高5.6cm　口径31cm

　　本品花形菱口、弧壁、圈足，胎洁釉润，造型端庄沉稳。盘内外壁绘青花折枝花卉纹，盘心绘葡萄纹，藤蔓绵绵，硕果累累，线条流畅，疏朗有致，底部不施釉。青花发色深沉浓妍、浓郁湛蓝。作品制作精良，是宣德时期盘类的代表作。

景德镇中国陶瓷博物馆藏品

7

庚子年十一月小 **廿四日**	初八大寒	二九第九天 **星期四**

嘉靖青花云龙纹缸　明嘉靖　高23.5cm　口径57cm

　　本品敞口、斜腹壁、平底，胎坚釉润，造型大气。明代龙纹的形态强调端庄、威严。该龙纹缸绘青花双龙赶珠纹，祥云缥缈。双龙扬须奋爪追云赶珠，充满力量，寓示明嘉靖朝的政治颇有中兴之势。青花发色深沉发灰，呈黑蓝色调，是嘉靖早期青花的特点。外壁口沿青花书"大明嘉靖年制"为款。

景德镇中国陶瓷博物馆藏品

2021
一月大

8

庚子年十一月小 **廿五日**	**初八大寒**	三九第一天 **星期五**

琴棋书画　范敏祺　镶器　高108cm　宽31cm

古彩的线是从唐代开宗传承的高古游丝描，结合陶瓷工艺特性，遒劲凸筋，圆润飘逸，外柔内刚，气贯意舒，虽谨毛而不失貌。

古彩的色是运用固有色的单线平涂。色调以黄绿为主，小俗大雅。色彩单纯饱和，却内敛沉稳。色块的拼合集中而不分散。色块与色块烘托互补，充满强烈的视觉冲击力。

整幅作品集勾、填、采、染等多种表现手法于一器，繁简得当，动静相间。仕女发若乌云、含睇凝睐、欲语还休，透射出情态娇柔、高雅素净的艺术风格。

毫无疑问，这是一件在陶瓷工艺绘画装饰上创新尝试的成功佳作。

范敏祺

2021

一月大

9

星期六

三九第二天
廿六日

初八大寒

10

星期日

三九第三天
廿七日

崇祯青花人物图罐　明崇祯　高27cm　口径21cm

　　该器皿直口、弧腹、圈足。通景采用青花绘人物图。老者园中站立，仙鹤依临，芭蕉遮荫，身后两侍童执扇抱席，好一派闲情逸致。画面描绘了明朝末期贤人达士隐逸自洁、寄怀山水的社会现象。

景德镇中国陶瓷博物馆藏品

2021
一月大

11

庚子年十一月小 **廿八日**	初八大寒	三九第四天 **星期一**

康熙青花山水图凤尾尊　清康熙　高47.7cm　口径22cm

　　该品尊口外撇，形似喇叭，圆筒长颈，弧肩鼓腹，从口、颈、腹到底形成流畅曲线，造型俊美。
　　通体青花绘山水装饰，用笔道劲，料分五色，充分展现了康熙时期青花独特的层次感。作品色彩青翠明快、浓艳悦目，别具风格，为典型的康熙时期风格作品。

景德镇中国陶瓷博物馆藏品

12

庚子年十一月小 **廿九日**	初八大寒	三九第五天 **星期二**

雍正青花三果纹天球瓶　清雍正　高56.3cm　腹径38cm

　　本品直口、长颈、圆腹、圈足，造型稳重，胎质缜密。瓶体以散点式绘折枝花果纹六组为装饰，口沿边饰海水纹，颈饰缠枝莲纹，肩部饰回纹，近足边饰变形莲瓣纹，底书"大清雍正年制"六字青花款。本品构图疏朗，釉色纯正，为清雍正朝青花瓷的经典之作。

2021
一月大

13

庚子年十二月大	初八大寒	三九第六天
初一日		**星期三**

雍正青花勾莲纹盖罐　清雍正　高28.5cm　腹径13.5cm

本品小口带盖、短颈、直腹、圈足，造型规整。通体青花装饰，肩部绘宝相纹边饰，足部用如意纹饰边，器身绘缠枝勾莲纹，线描精细流畅，青花色泽清雅。底书"大清雍正年制"六字楷书款。该作为雍正时期的佳作。

14

庚子年十二月大 **初二日**	初八大寒	三九第七天 **星期四**

乾隆釉里红云龙蝙蝠纹扁肚瓶　清乾隆　高25.5cm　腹径20cm

　　本品撇口、长颈、扁肚、圈足，胎白釉润，器型规整。通体以釉里红描绘纹饰，一龙昂首腾起，一龙遨游祥云之中，双龙均为五爪，龙纹威武，气宇轩昂，空间点缀着飞翔的蝙蝠，寓意吉祥幸福。底书"大清乾隆年制"六字篆书款。

15

庚子年十二月大 **初三日**	初八大寒	三九第八天 **星期五**

蝶恋花　胡文峰　高75cm　宽24cm

　　作品器型采用高难度胎骨镶嵌工艺，施以高白釉，经高温烧制白胎。画面以鲜花与彩蝶为主题，采用新彩与粉彩相结合的装饰手法，构图布局前实后虚，融中西方绘画技法为一体，静与动、虚与实对比强烈，气韵生动，设色清雅，凸显了鲜明的个性特点与艺术风格。该作堪称一件工艺技法与现代审美完美结合的瓷艺佳品。

胡文峰

2021
一月大

16

星期六

三九第九天 初四日	初八大寒	四九第一天 初五日

17

星期日

乾隆青花福禄纹葫芦瓶　清乾隆　高57.5cm　腹径40cm

　　本品直口、鼓腹、束腰、卧足，形制取葫芦之造型。通体青花装饰，主题纹饰为葫芦纹与蝙蝠纹，底书"大清乾隆年制"六字篆书款。葫芦与"福禄"谐音，且器型像"吉"字，故又名"大吉瓶"，寓意大吉大利。此瓶为乾隆时期佳作。葫芦瓶在清代乾隆时期盛行一时，为乾隆青花瓷的典型器物。

景德镇中国陶瓷博物馆藏品

18

庚子年十二月大 **初六日**	**初八大寒**	四九第二天 **星期一**

乾隆青花缠枝莲纹六方贯耳瓶　清乾隆　高46cm　腹径26cm

　　本品通体呈六方形，六方撇口，束颈两侧饰一对贯耳，折肩，六方形腹，外撇足。口沿部饰如意边纹，颈部及双耳饰缠枝莲纹，腹部主题饰缠枝莲纹，足部饰变形如意纹边脚，底书"大清乾隆年制"青花篆书款。

　　该器皿造型新颖，充分显示了乾隆朝瓷器造型追求新奇的特点。其纹饰繁密精致，青花色泽纯正、鲜艳，表现了宫廷繁缛严谨的装饰风格。

景德镇中国陶瓷博物馆藏品

2021
一月大

19

庚子年十二月大 初七日	明日大寒	四九第三天 星期二

大清宣
统年
製

宣统青花缠枝莲纹碗　清宣统　高15.2cm　口径44cm

　　本品敞口、弧壁、圈足，胎洁釉润，造型大方，通体以青花装饰。外壁口饰回纹，腹部绘缠枝莲纹，圈足处绘变形图案边脚，底款以青花书"大清宣统年制"楷书款。

　　宣统时期的官窑青花构图严谨、发色稳定、层次丰富、鲜亮娇润、画工细腻，风格与光绪时期作品接近，具有明显的晚清时期的特征。

20

腊八节 初八日	今日大寒	大寒04时36分 星期三

青花山水图长条瓷板　民国　长75cm　宽21.5cm

　　瓷板呈长方形。画面采用青花绘山水图纹，苍松耸立，怪石嶙峋。构图采用平远法，虚实结合，开合自如。作品用笔老练、意境幽远，表达了作者对闲适田园生活的向往。

景德镇中国陶瓷博物馆藏品

21

庚子年十二月大 初九日	廿二立春	四九第五天 星期四

万历五彩人物纹盘　明万历　高2cm　口径10.8cm

　　本品撇口、弧壁、圈足，胎洁釉润，形制规整，通体采用五彩形式装饰，纹饰是"天师斩五毒"，底款用青花书"大明万历年制"楷书款。

　　万历五彩以色彩艳丽缤纷、布局繁密复杂、极具装饰性而著称于世，纹饰绘画飘逸洒脱，色彩搭配协调，是釉上彩瓷发展的一个高峰，在中国陶瓷史上具有重要的地位。

22

庚子年十二月大 初十日	廿二立春	四九第六天 星期五

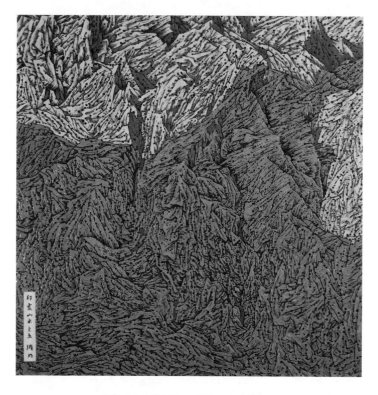

印象山水　龚循明　高80cm　宽80cm

　　作者在艺术形式的表达上不断探索，从具象的表现到抽象的范式，进而延伸到心象的概念，在瓷板平面的呈现中观照出中国山水画的神韵。作品不再是通常具象地描绘某一地物象，而是作者心中"山水"的纯粹传达。作品展现了作者勇于探索、追求心目中更高境界的"印象"艺术。

龚循明

23

星期六

四九第七天		四九第八天
十一日	廿二立春	**十二日**

24

星期日

康熙古彩麻姑献寿图盘　清康熙　高2.5cm　口径24.9cm

　　本品敞口、弧壁、圈足，外无纹饰，盘边饰龟背纹和莲花纹，四开光内书"万寿无疆"四字篆书，盘心绘麻姑献寿图，底书"大清康熙年制"楷书六字款。
　　古彩是从"大明五彩"基础上发展而来，到清康熙时期成熟并有了突出成就。古彩的色彩明净晶莹，色调对比强烈，形象概括夸张，具有浓厚的民族艺术风格。

2021
一月大

25

庚子年十二月大 十三日	廿二立春	四九第九天 星期一

乾隆粉彩双耳百鹿尊　　清乾隆　　高44.6cm　　腹径36cm

　　本品直口、短颈、下垂腹、圈足。通体采用通景装饰方式，上绘山石丛林，群鹿形态各异、栩栩如生。肩部饰一对矾红螭龙耳，用本金勾描轮廓。底部青花篆书"大清乾隆年制"六字款。

　　乾隆粉彩以其特有的柔润质感和装饰效果被业界推崇和喜爱。这件双耳百鹿尊，充分呈现了乾隆时期粉彩瓷的装饰特点和艺术水平。

景德镇中国陶瓷博物馆藏品

26

庚子年十二月大 **十四日**	廿二立春	五九第一天 **星期二**

乾隆金地粉彩花卉纹葫芦瓶　清乾隆　高22cm　腹径13cm

　　本品唇口微撇、束腰、卧足、葫芦造型。葫芦与"福禄"谐音，有吉祥之意，加之葫芦是传说中的仙道法器，以致用葫芦造型器物寓示得道，故明清时期多取其型。

　　该葫芦瓶通体以金彩为地，上绘粉彩缠枝莲纹，间饰螭纹、佛纹、桃纹图案，底部绘变形莲瓣纹，底款施石绿釉，用红彩书"大清乾隆年制"篆体款。本品笔法工整、设色贵气、精细入微，是乾隆时期粉彩装饰的代表作。

27

庚子年十二月大 **十五日**	**廿二立春**	五九第二天 **星期三**

道光粉彩黄地西洋莲纹碗　清道光　高6.5cm　口径15cm

　　本品撇口、弧壁、圈足，胎洁釉润，形制规整。内壁及碗底施透明釉，外壁施黄釉。碗内中心以矾红料绘五蝠纹，寓意五福满满。腹壁在黄地上彩杂花缠枝纹。作品构图繁密、重工重彩、画工精细，颇具前朝粉彩官窑的风采。底部以青花书"大清道光年制"篆书款。

景德镇中国陶瓷博物馆藏品

2021
一月大

28

庚子年十二月大 **十六日**	**廿二立春**	五九第三天 **星期四**

同治粉彩料地开光山水图古月轩碗　清同治　高9cm　口径20.7cm

　　本品撇口、弧壁、圈足，胎洁釉润，造型规整。内彩花卉纹，外彩重工料地四季扎花开光山水图纹。画面构图讲究，山峦起伏，意境悠远，具有文人画的典型风格。器底青花刻龙纹和"大清同治年制"六字楷书款。

　　"古月轩"在晚清民国习惯上被泛指为珐琅彩瓷器，但争议颇多。一般学界认为，除料彩"古月轩"款瓷器外，存世的"古月轩"瓷都是指晚清民国的重工粉彩瓷。

景德镇中国陶瓷博物馆藏品

29

庚子年十二月大 十七日	廿二立春	五九第四天 星期五

昭君出塞　李菊生　高80cm　直径47cm

　　20世纪90年代初，作者创造性地用高温颜色釉装饰人物衣裙和鞍马骆驼，此作是在大量实践中不可多得的成功之作。清秀脱俗的昭君在众佳丽簇拥下出塞西域。作品色彩斑斓、富丽堂皇，设色华丽、对比强烈，主题鲜明、呈色非凡。

李菊生

30

星期六

五九第五天		五九第六天
十八日	廿二立春	十九日

31

星期日

2021

光绪五彩跑马图棒槌瓶　清光绪　高44cm　足径12.8cm

　　本品盘口、丰肩、弧腹、圈足。通体采用传统的釉上五彩绘制，构图布局饱满，颈部绘婴戏纹，瓶肩绘开光花草纹，瓶身主题绘仕女骑马嬉戏图，底款为"青花双圈"。作品画面丰富，层次分明，人物刻画形象生动，设色丰富明快，把晚清五彩的风格特点表现得尽善尽美。

　　"青花双圈"款作为瓷器的年代标识，据史料记载是在清康熙中早期。康熙认为瓷器易破碎，有皇帝年号写在瓷器上不吉利，才有了双圈款代替。康熙中晚期破除了此规矩。因此，后人仿康熙的瓷器中就用"青花双圈"款来代表。

景德镇中国陶瓷博物馆藏品

2021
二月平

1

庚子年十二月大 **二十日**	**廿二立春**	五九第七天 **星期一**

浅绛彩山水图如意耳瓶　民国　高60cm　腹径30cm

　　本品敛口、丰肩，肩部两侧饰如意耳，弧形腹，下腹渐收，圈足，器型典雅秀气。器身通体以浅绛彩绘人物风景图，构图疏密有致、布局明朗。画面设色清新悦目、淡雅柔和、幽静恬淡，把当时文人雅士所崇尚追求的生活意境表达得淋漓尽致。

　　王廷佐，字少维，安徽泾县人，生卒年不详，擅作浅绛山水、人物，以画猴著称，其传世品极少。曾在御窑厂供职，与金品卿并称为御窑厂"两支笔"，是浅绛彩画派的先驱人物。

景德镇中国陶瓷博物馆藏品

2

庚子年十二月大 **廿一日**	**明日立春**	五九第八天 **星期二**

黑地梅花图凤尾瓶　明成化　高71cm　腹径24.8cm　口径22.5cm

本品喇叭状口、长颈、鼓腹，下敛形成流畅曲线，因形状似凤尾，故名"凤尾瓶"。其造型富贵优雅，器身主题满地黑色中绘梅石图，梅花清韵素丽、竞相绽放，画工精细，设色冷雅。黑色的深沉与盛开的白梅形成鲜明的对比，产生强烈的视觉效果。本品是素三彩装饰形式的代表作。

景德镇中国陶瓷博物馆藏品

3

庚子年十二月大 **廿二日**	**今日立春**	立春22时57分 **星期三**

铁骨泥描金开光粉彩山水图双耳瓶　民国　高32.2cm　腹径26.2cm

　　本品撇口、粗颈、溜肩，肩两侧附如意形耳，圆腹、圈足，造型敦厚，胎洁釉润。器身铁骨泥开光绘粉彩山水图装饰，整体画面庄重冷凝。

　　铁骨泥地是在坯上用刀刻好装饰纹样后，涂刷铁骨泥浆，尔后在开光的堂子内上白釉入窑烧成，再在开光处绘纹饰，具有强烈的仿青铜器的效果。

景德镇中国陶瓷博物馆藏品

2021
二月平

4

庚子年十二月大 **廿三日**	初七雨水	小年 **星期四**

粉彩阙下归来图瓷板　民国　长38.5cm　宽25cm

本品为长方形瓷板，以粉彩装饰"渔翁童子"人物图，人物表情刻画细腻，构图主题突出，设色明快，用笔考究，具有典型文人画的特点。

王琦（1884—1937），字碧珍，号陶迷道人，祖籍安徽。民国时期景德镇瓷绘名家。擅画人物，形象传神，出色地把西洋绘画晕染技法和中国画的写意用笔相结合，形成了个人画风。为景德镇"珠山八友"之一。

景德镇中国陶瓷博物馆藏品

5

庚子年十二月大 **廿四日**	初七雨水	六九第二天 **星期五**

荷边戏水　钟振华　高25cm　腹径37cm

　　作品造型别致，为一个倒置的莲蓬造型。对如何根据造型来设计和布局相应的纹饰，达到装饰与造型的吻合，作者下了一番功夫：采用半刀泥刻花装饰技法，将瓷坯刻画出荷花、荷叶，烧制头窑后再进行釉上斗彩彩绘。六条鲜灵小鱼嬉游荷花周围，充满情趣。纹饰与造型相得益彰，使作品更具整体性、工艺性和装饰性，表达了六六顺心、年年（莲）有余（鱼）的美好心愿。

钟振华

2021
二月平

6

星期六

六九第三天 **廿五日**	初七雨水	六九第四天 **廿六日**

7

星期日

粉彩山水铭文琮式瓶　民国　高32.5cm　宽14.5cm

　　本品圆口、方身、直腹、高圈足。琮式样式系仿照新石器时代良渚文化的玉琮外形加以变化而成。器身主题以粉彩绘对称的两面山水和对称的二面篆书铭文。落款：汪野亭。

　　汪野亭（1884—1942），名平、字鉴、号平山，平山草堂主人，江西乐平市人。著名瓷绘大家，擅长山水、花鸟，为景德镇"珠山八友"之一。

8

庚子年十二月大 **廿七日**	初七雨水	六九第五天 **星期一**

中正大雅
朴真至美

粉彩木兰还乡图瓶　民国　高39cm　腹径21cm

　　本品敛口、短颈、丰肩、直筒形腹、圈足外撇，造型大方稳重。上下部绘重工洋莲边脚，腹部通景用粉彩绘木兰还乡图，画工细腻，人物生动，构图疏密有致，体现出作者对中国传统绘画的理解。

　　王大凡（1888—1961），名堃，号希平居士，祖籍安徽黟县。著名瓷绘大家，擅长人物，为景德镇"珠山八友"之一。

2021

二月平

9

庚子年十二月大 廿八日	初七雨水	六九第六天 星期二

粉彩鱼跃生趣图瓷板　民国　长39.5cm　宽26cm

　　瓷板呈长方形，画面绘数条鲫鱼悠游在藻萍之间，画面生机盎然。鲫鱼的鳃、鳍刻画细腻传神，体现写实风格。整体构图简洁秀美，具有东洋画风缩影。画面的题诗章法、落款及印章，非常考究，亦趣亦美。

　　邓碧珊（1874—1930），字"辟寰"，号"铁肩子"，江西余干县人。清末秀才，擅画鱼虫，为景德镇"珠山八友"之一。

景德镇中国陶瓷博物馆藏品

2021

二月平

10

庚子年十二月大 **廿九日**	初七雨水	六九第七天 **星期三**

寒梅艳影图瓷板　民国　长39cm　宽25.5cm

　　瓷板呈长方形。画面以粉彩绘寿鸟栖于枝上回首顾盼，疏影横斜，蜡梅盛开，暗香沁人，设色艳丽，好一派冬去春来的景象。

　　程意亭（1895—1948），别名甫，江西乐平人。擅长花鸟，对中国画和瓷画颜料颇有研究。瓷画作品色彩清丽古雅、格调高尚，对后世产生了广泛的影响。

2021
二月平

11

| 庚子年十二月大
三十日 | 初七雨水 | 除夕
星期四 |

岁岁平安　宁钢　高56cm　直径32cm

　　作品运用了高温色釉和粉彩装饰相结合的釉与彩复项综合彩艺术形式，以鲜丽祥瑞的大红色釉为底色高温烧成瓷后，又在釉上用粉润柔和的粉彩精细地描绘芦苇和鸳鸯，红白相间，冷暖相映，疏密相衬，静寓动中。作品蕴含着对社会和谐、家庭和睦、岁岁平安、喜庆吉祥的向往。

宁钢

2021
二月平

12

辛丑年正月小 **初一日**	**初七雨水**	春节 **星期五**

敦煌吉祥　孙立新　高40cm　宽40cm

　　敦煌的两关遗迹、千年灵岩是世界上现存规模最大、内容最为丰富的佛教艺术圣地。作品取材敦煌艺术石窟的原型，以陶瓷为载体，创作了"敦煌吉祥"瓷版画。

　　作品以釉下青花为装饰手法，以泼料为衬、勾勒为线，在画面中营造出大漠风沙的氛围，再勾勒出"飞天"舞佛的形象。"飞天"舞佛驾着吉祥之云，撒着和平之花，寓意对"一带一路"沿线"一路吉祥"的美好祝愿，也表达了作者对新时代"一带一路"的期待与对盛世的憧憬。

孙立新

2021

二月平

13

星期六

七九第一天	初七雨水	七九第二天
初二日		初三日

14

星期日

粉彩曾记潇湘图瓷板　民国　长25.5cm　宽40.8cm

　　瓷板长方形，布局以横条构图，主题以粉彩绘竹石图，左上侧题诗款印。竹叶多为仰叶，似散似连，疏密有致，风姿绰约。设色以墨为主，敷以淡绿。整体画面既婉约俊秀又蓬勃野逸，使人感受远离尘嚣的幽静。

　　徐仲南（1872—1953），名陔，字冲南，号竹里老人，斋名栖碧山馆，江西南昌人。毕生从事陶瓷绘画。青年时期以画人物为主，中年则攻山水、走兽，晚年又偏重于松竹，对竹情有独钟。

2021
二月平

15

辛丑年正月小	初七雨水	七九第三天
初四日		**星期一**

粉彩春色满园图瓷板　民国　长54cm　宽40cm（带框）

　　瓷板呈长方形，运用粉彩绘三只公鸡顾盼寻食，衬以盛开的桃树，整幅画面春意盎然、生机勃勃。刘雨岑是较早把中国文人画的画风运用到陶瓷绘画领域的画家。将诗、书、画、印融为一体，使陶瓷艺术作品从晚清陶瓷装饰的繁缛中脱颖而出，形成了具有标新立异的新派画风。

　　刘雨岑（1904—1969），斋名"觉庵"，别号"澹湖鱼"，安徽太平人。擅画花鸟，为著名瓷板画大师、景德镇"珠山八友"之一。他所创立的"水点技法"对后世粉彩花鸟艺术风格影响巨大。

景德镇中国陶瓷博物馆藏品

2021
二月平

16

辛丑年正月小 初五日	初七雨水	七九,第四天 星期二

墨彩描金仙人沐浴图双耳瓶　当代　高39cm　腹径25cm

　　本品敞口、粗短颈、丰肩，两侧附衔环兽耳，弧腹往下渐收，至底足处外撇，圈足。胎洁釉润，造型端庄。上下绘重工料边脚图案，腹部通景采用墨彩描金绘仙者侍婴孩洗浴图，人物刻画细腻，设色清丽，寓意吉祥。

　　周湘浦（1895—1979），江西南昌县人。幼年随父来景德镇学艺，后受"珠山八友"的影响，自创"红珊彩"（即用油红料代替粉彩画法，烧一次后再描上赤金线描复烧一次）。在此基础上，他经过潜心研究和不断摸索，终于创造了独具一格的"墨彩描金"装饰手法。

景德镇中国陶瓷博物馆藏品

17

辛丑年正月小 **初六日**	**明日雨水**	七九第五天 **星期三**

粉彩虎啸图盘　近代　直径46.7cm

本品以粉彩装饰绘画回眸站立的猛虎。猛虎气宇轩昂，寓动于静，给人以刚劲高亢之感。虎周边配以远山近石、树木花草，画面生动，设色鲜艳，物象活灵活现。盘内右侧墨料书落款为"1957年春月毕渊明写于景德镇市"。

毕渊明（1907—1991），别号"至乐老人"，安徽黟县人。幼承家学，秉父传艺，擅画走兽，尤其画虎，有"毕老虎"之雅号。1958年，他被景德镇市人民政府首批授予"陶瓷美术家"称号。

景德镇中国陶瓷博物馆藏品

2021

二月平

18

辛丑年正月小	今日雨水	雨水18时43分
初七日		**星期四**

粉彩百蝶纹薄胎碗　近代　高9.2cm　口径20cm

本器直口、弧壁、圈足。器身以粉彩描金为主，胎体透明、轻盈、洁白，釉色晶莹。碗口沿描金和弦纹一周，内外壁绘如意边脚纹，底心绘绽放荷花簇拥蝴蝶，外壁通体绘各式展翅飞舞的蝴蝶，笔法工整、惟妙惟肖，设色艳丽、巧夺天工。本器是体现景德镇工艺水准和彩绘水准的一件难得的精品。

景德镇中国陶瓷博物馆藏品

19

辛丑年正月小	廿二惊蛰	七九第七天
初八日		星期五

璜　何炳钦　高120cm　宽120cm

　　现代陶艺源于20世纪40年代由美国著名陶艺家沃克思和日本著名陶艺家八木一夫等发起的一场新的陶瓷艺术的创新运动。作品主要以三个方面来表达这门艺术的本质：1."唯理"形式；2."唯物"形式；3."唯美"形式。

　　作品主要通过陶瓷材料的可塑性及其与综合材料金属、石材的组构，表达作品在造型形态、材料肌理、虚实空间等方面的形式之美。

何炳钦

20

星期六

七九第八天 初九日	廿二惊蛰	七九第九天 初十日

21

星期日

中正大雅　朴真至美

粉彩美女带子图瓶　近代　高32.5cm　腹径18cm

　　本品撇口、短颈、溜肩、长弧腹、大圈足，造型优美俊逸。器身以粉彩人物装饰为主，胎体洁白，釉色莹润。颈、底部绘料地如意纹边脚，腹部绘三娘教子图，并衬以山石、芭蕉叶等，构图清新，设色清丽，用笔遒劲潇洒，功力深厚，其章法、用笔、设色对后人颇有影响。

　　赵惠民（1922—1997），浙江绍兴人。擅长粉彩人物，尤精画仕女。1959年，他被景德镇市人民政府首批授予"陶瓷美术家"称号。其画风清新秀丽、工致典雅。他于1975年设计的《十二金钗》彩盘，享誉欧美，至今仍是抢手的收藏品。

景德镇中国陶瓷博物馆藏品

22

辛丑年正月小 **十一日**	**廿二惊蛰**	八九第一天 **星期一**

青白釉八卦纹三足鼎式炉　宋　高9cm　腹径7.5cm

　　本品盘口、深腹、圆底，口沿对称镶对方耳，炉底镶三只兽形足，造型精巧。通体施青白釉，釉色白中闪青。炉身刻有八卦纹，体现了中国古代道家文化。

　　八卦纹，以八组短线符号代表周易中的八种图形，居中为太极图。相传伏羲创八卦图，象征天、地、雷、风、水、火、山、泽八种自然现象。

景德镇中国陶瓷博物馆藏品

2021

二月平

23

辛丑年正月小 **十二日**	**廿二惊蛰**	八九第二天 **星期二**

卵白釉狮耳罐　元　高19.3cm　腹径19.6cm

本品盘口、束颈、丰肩，往下渐收。外撇式圈足，肩部饰一对穿孔狮耳。通体施卵白釉。

卵白釉是元代景德镇窑新创烧的一种高温釉，因釉色似鹅蛋，呈现白中微泛青的色调而得名。由于在卵白瓷中发现"枢府"字样，卵白釉也被称作"枢府釉"。枢府是元代军事机构枢密院的简称，枢府瓷也就是枢府院的定烧瓷。

景德镇中国陶瓷博物馆藏品

2021
二月平

24

辛丑年正月小 十三日	廿二惊蛰	八九第三天 星期三

弘治浇黄釉碗　明弘治　高8cm　口径18cm

　　本品敞口、弧壁、圈足，胎坚釉润，造型规整。通体施黄釉，釉色纯正、娇嫩淡雅。底款为青花
"大明弘治年制"楷书款。
　　弘治黄釉是一种低温黄釉，稳定性却比其他低温釉要好，且透明度高，因呈色浅淡娇嫩，亦称
"娇黄"，由于当时采用了浇釉法工艺，所以也叫"浇黄"。

景德镇中国陶瓷博物馆藏品

2021

二月平

25

辛丑年正月小 **十四日**	**廿二惊蛰**	八九第四天 **星期四**

正德黄釉碗　明正德　高7.2cm　口径16cm

本品撇口、深弧壁、圈足，胎洁釉润，形制规整。通体施黄釉，采用氧化焰低温烧成，色黄润光滑，釉面晶莹透彻。底款为青花楷书"大明正德年制"。

正德黄釉与弘治黄釉呈色、肌理一致，色泽深浅的区别在于铁含量的多少，而烧成温度的高低能决定釉面质量，所以说好的釉料配方，在温度适中时才呈现"油黄"正色。

景德镇中国陶瓷博物馆藏品

2021
二月平

26

辛丑年正月小 **十五日**	**廿二惊蛰**	元宵节 **星期五**

春信　熊钢如　高50cm　宽50cm

作者笔下的雄鸡英姿飒爽、刚劲雄健。线条与色块巧妙运用，简明而随性。随心随性是艺术家创作大写意作品时必须保持的创作状态，加上作者绘画功底和对鸡长年累月的观察，胸有成竹，落笔生风，作品才显示出其独特的灵性和气势。

熊钢如

27

星期六

八九第六天 十六日	廿二惊蛰	

28

星期日

八九第七天 十七日	

2021

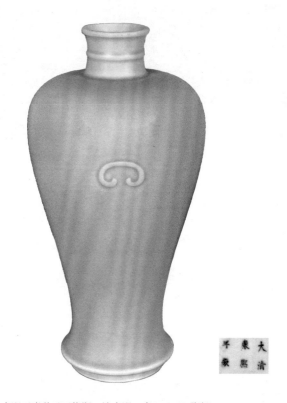

康熙天青釉云耳梅瓶　清康熙　高21cm　腹径11cm

　　此器胎体厚重，口微侈，短颈有凸弦纹，丰肩，腹下敛，撇足三层台，腹部有微凸"如意"变形纹一对。通体施天青釉，为康熙时期所创烧的釉色，色调灰蓝，宛如雨过天青色，是幽淡隽永的高温色釉。底款用青花楷书"大清康熙年制"。

　　天青釉以钴为着色剂，色调为一种很淡的蓝灰色，烧成稳定，主要是在基础白釉中加放少量含钴原料来发色。

景德镇中国陶瓷博物馆藏品

2021
三月大

1

辛丑年正月小 **十八日**	**廿二惊蛰**	八九第八天 **星期一**

大清雍正年製

雍正天蓝釉碗　清雍正　高5.7cm　口径14.3cm

　　该器敞口、浅弧壁、圈足，胎洁釉润，造型规整。碗内施青釉，外壁施天蓝釉。底款为青花楷书"大清雍正年制"。

　　天蓝釉是一种高温色釉，由"天青"演变而来，清康熙时期创烧，呈色稳定，莹洁清雅，釉色浅而发蓝，似天蓝色，故名。

　　天蓝釉在康熙时主要施于小件文房器物之上，到雍正、乾隆时才见于瓶罐等器物。

景德镇中国陶瓷博物馆藏品

辛丑年正月小 **十九日**	**廿二惊蛰**	八九第九天 **星期二**

雍正冬青釉凸花缠枝莲纹碗　清雍正　高8.4cm　口径22.5cm

　　该器敞口、敛腹、直足，器物内外通施冬青釉，碗壁阳刻缠枝莲纹，底款为青花"大清雍正年制"六字篆书款。

　　冬青釉始创于明代永乐年间，是介于豆青与粉青釉之间的色阶，呈色青中闪绿、苍翠欲滴，玻璃质感强，光亮洁净。

景德镇中国陶瓷博物馆藏品

3

辛丑年正月小
二十日

廿二惊蛰

九九第一天
星期三

雍正鳝鱼黄釉刻莲瓣纹花浇　清雍正　高25.5cm　腹径15.5cm

　　该器口外斜，一面有流，长颈，颈中部凸起弦纹，溜肩，大腹圈足，无柄。肩部和颈部刻有变形覆莲瓣纹，腹部装饰二道弦纹，通体施茶叶末釉。茶叶末釉因烧成温度变化，其色调也会产生变化，有的发色像"鳝鱼黄"，有的呈色像"蟹壳青"。本器色呈古黄、亚光，给人古雅沉稳之感，底刻"雍正年制"四字篆书款。

4

辛丑年正月小 **廿一日**	**明日惊蛰**	九九第二天 **星期四**

雍正粉青釉贯耳瓶　清雍正　高32.5cm　腹径21cm

　　木品盘口、敛颈、溜肩、垂鼓腹、圈足，颈部镶饰一对贯耳，造型古朴敦厚。通体施粉青釉，釉色素雅沉稳。底款为青花篆书"大清雍正年制"。

　　粉青釉为生坯挂胎，胎中带灰，入窑经高温还原焰烧制而成。由于石灰碱釉高温下黏度较大，即不易流釉，因此釉层可施厚，釉色有柔和淡雅的玉质感。

景德镇中国陶瓷博物馆藏品

2021

三月大

5

辛丑年正月小 廿二日	今日惊蛰	惊蛰16时52分 星期五

春醉秋韵　邱含　每幅　高113cm　宽57cm（共四幅）

　　此为高温颜色釉创作的四联屏瓷板画，分开是相关联的"春醉"和"秋韵"，拼合在一起则是一组寓意深邃的"坐忘春与秋"通景画。

邱含

6

星期六

九九第四天 **廿三日**	初八春分	九九第五天 **廿四日**

7

星期日

乾隆祭红釉鱼尾瓶　清乾隆　高33.8cm　腹径20cm

　　本品撇口、束颈、溜肩、圆腹渐收，至足部微撇，形似鱼尾，故称鱼尾瓶。其形态端庄典雅，通体施祭红釉，底刻"大清乾隆年制"篆书款。

　　祭红釉是以铜为着色剂，生坯上釉，经高温还原焰一次烧成。釉色似初凝的鸡血，深沉安定，莹润均匀。因祭红器作祭祀郊坛之用，故称为祭红，亦称"霁红釉"。

景德镇中国陶瓷博物馆藏品

辛丑年正月小 **廿五日**	初八春分	妇女节 **星期一**

乾隆茶叶末釉天球瓶　清乾隆　高9.5cm　腹径12cm

本品唇口稍外撇，长直颈，溜肩鼓腹，圈足略外撇。通体施茶叶末釉，釉色均匀，细润亚光。底款为阳刻篆书"大清乾隆年制"。茶叶末釉因烧成时温度的差异会产生多种色调，如鳝鱼黄、蛇皮绿、鳝鱼青、黄斑点等。藏界传说，雍正时期烧造的茶叶末釉稍偏黄，而乾隆时期的茶叶末釉则偏绿。

景德镇中国陶瓷博物馆藏品

辛丑年正月小		九九第七天
廿六日	初八春分	**星期二**

炉钧釉双耳兽足带盖香炉　民国　高24cm　腹径20cm

　　本器型仿青铜三足鼎、双耳、三兽面足。鼎纽为描金立蟾蜍，造型精巧肃穆。通体施炉钧釉，再上下以金彩装饰，款为描金篆书"大清乾隆年制"。

　　炉钧釉创烧于清雍正年间，盛行于雍、乾二朝，因低温炉内烧成，仿宋钧釉而得名。

2021
三月大

10

辛丑年正月小 廿七日	初八春分	九九第八天 星期三

五彩雕刻哪吒闹海图狮耳葫芦瓶　民国　高36.5cm　腹径22cm

　　本品通体施绿釉，以堆塑、捏雕的工艺手法，镶附衔球狮形双耳。葫芦瓶上半部分采用捏雕饰哪吒闹海纹，下半部分采用开光形式雕刻双龙戏珠纹，满身精雕细刻，至工至精。通身用低温综合彩装饰，填彩细腻，具有较高的工艺水平。

2021
三月大

辛丑年正月小 **廿八日**	**初八春分**	九九第九天 **星期四**

朴真至美　中正大雅

窑彩描金立佛瓷雕　民国　高58.5cm　宽20cm

　　佛像一般是指菩萨、罗汉、明王、诸天等。本座瓷雕佛像，头戴唐式冠帽，胸挂璎珞，手托持钵，衣饰别出一格，装饰庄重素朴，采用雕捏结合的手法把佛像塑造得慈眉善目。

　　明清时期，"以儒治国、以佛治心、以道治身"这种"三教归一"的思想盛行，佛像也一度成为人们信仰与寻求精神解脱的寄托。

景德镇中国陶瓷博物馆藏品

12

辛丑年正月小 廿九日	初八春分	植树节 星期五

清曲　曾亚林　高82cm　宽170cm

　　"惊飞远映碧山去，一树梨花落晚风。"作者借诗寄意，采用青花信涂暮天夜色，刻、点、剔、勾出鹭鸶"人惊远飞去，直向使君滩"的身影。蓝与白、浓与淡、虚与实的对比，表达了作者借助陶瓷语言抒发诗情画意的心智与才情。

曾亚林

13

星期六

辛丑年二月大 初一日	初八春分	龙抬头 初二日

14

星期日

三顾茅庐　张松茂　高38cm　宽154cm

　　作品构图新奇大胆、不落俗套。一棵苍松，一株老梅，采用不对称的布局，将人物置于苍松和老梅之间的空间中心，着力渲染了故事的环境氛围，巧妙地烘托了故事的主题和人物的心境。作者运用独到的手法绘制粉彩雪景，精工细作、浓墨重彩，从而使作品具有强烈的视觉冲击力和装饰艺术感染力。

张松茂

2021
三月大

15

辛丑年二月大 初三日	初八春分	星期一

粉彩万花盖碗　居和堂　高9.5cm

此盖碗形制规整、端庄隽雅，通体点缀各式花卉，圃簇繁丽、上下呼应、各尽其妍。画面密而不乱，花叶各依主次，设色妍亮，匀净厚润。整器工致非凡，处处彰显出当代传承复制品的高超技艺。

万花不露地装饰是粉彩传统装饰颇具难度的形式之一，由于费时耗工，更显珍贵难得，为历代藏家所珍。

景德镇居和堂出品

2021
三月大

16

辛丑年二月大 初四日	初八春分	星期二

仿朱漆柳条火珠云龙纹盖盒　六逸堂　直径12.8cm

本品采用全手工雕刻仿柳条编漆器盖盒，盖部用浮雕手法饰火珠云龙纹，周边柳条纹采用本金洒绘，呈朱漆一色。其彩绘细腻、刻工娴熟、气象沉稳，作为传统文房用具颇具皇家气派，不愧为复刻乾隆时期仿生瓷的杰出作品。

景德镇六逸堂出品

2021

三月大

17

辛丑年二月大 初五日	初八春分	星期三

锦凤尾翎　林云堂　高8.8cm　直径10.3cm

　　本盖碗器型端庄、典雅瑰丽。画师借鉴传统装饰手法进行整器满绘，采用油红地勾阴工艺，以凤尾草为主体纹饰，卷叶张合自如，布局繁复妍美，敷色华丽、油亮、润红。端详整器，既觉雅韵葱葱，又有圣洁持重之感。

　　勾阴工艺为景德镇传统工艺，即在白胎上直接用各色彩料作画，不施任何有颜色的底釉，直接将图案画在白胎上，具有满工满彩的特点。

　　该工艺凸显构图设计、色彩搭配、用笔娴稳、主次得当的扎实功力，充分彰显了画师的高超技艺。

景德镇林云堂出品

2021
三月大

18

辛丑年二月大 初六日	初八春分	星期四

金地珐琅彩宝相纹赏盘　林云堂　直径20cm

　　该盘形端正圆，通体以金彩为地，采用珐琅彩满绘宝相纹图饰，纹饰繁缛，设色鲜艳，呈相贵气，装饰性和工艺性的细腻程度达到了无以复加的地步。

　　宝相花是我国古代传统的吉祥纹样，是从莲花纹样寻源而来，深受佛教艺术和中土文化互相渗透的影响，逐渐演变成可以与龙、凤吉瑞图案相媲美的植物花卉图案。

2021

三月大

19

辛丑年二月大 初七日	明日春分	星期五

秋歌　徐岚　高45cm　宽68cm

　　高温色釉综合装饰《秋歌》，造型为异形镶器，主分两面。作者采用雕刻手法将枫叶的枝干、叶子立体呈现，出枝错落，苍劲有力，并用刀将树枝的结构肌理刻好，施以色釉，高温烧成。作品中的人物则采用钗线、洗染、再套色的手法，把出游老者的飘逸、孩童憨态的可爱、弹琴雅士的潇洒描绘得情景交融、传神入化、相映生辉。

徐岚

2021
三月大

20

星期六

春分17时35分 初八日	今日春分	辛丑年二月大 初九日

21

星期日

青花斗彩十二月花神杯　瑞窑工坊　高4.9cm　口径6.7cm

　　青花斗彩瓷是以釉下青花作为一种色青而与釉上多种色彩相结合的瓷器装饰技法，以纹饰新颖、色彩淡雅而名重于世。

　　"十二月花神杯"十二件为一套，其外形特点为撇口、深腹、浅圈足，胎体轻薄。每一个杯身分别用一年十二个月中不同的花卉装饰，并配以相应诗句。

　　十二月花神分别为水仙花、迎春花、桃花、牡丹花、石榴花、荷花、兰花、桂花、菊花、芙蓉花、月季花和梅花。

景德镇瑞窑工坊出品

22

辛丑年二月大
初十日

廿三清明

星期一

晚风　徐江云　高36cm　口径45cm

　　作品采用手工拉坯成型，在坯内面特意保留手工拉坯的旋纹，以增强陶瓷工艺美，又在坯体上分割出六个面，口沿相应进行分割，以表现艺术动感美。作品以高温色釉表现大自然风景。高温窑变色釉色彩丰富、层次分明、变化万千，充分体现出陶瓷材质美。另外三面，用影青刻花去表现荷花、兰花、玉兰花，纯洁朴实。高温色釉的色泽厚重与影青釉的素雅形成了对比，体现了陶瓷材质艺术表现力和感染力。整件作品造型简洁、流畅大方，给人以无限艺术享受。

徐江云

23

辛丑年二月大 十一日	廿三清明	星期二

粉彩镂雕八宝供器　三和堂　高28.5cm

　　粉彩镂雕八宝供器是将寺院的供器用瓷器精心制作出来作为佛前礼器。八宝分别是轮、螺、伞、盖、花、瓶、鱼、结。每件作品都分上下两部分，上部以圆柱镂雕八宝图案，下部以莲蓬、莲瓣为托座，托座底均施松石绿釉，书矾红款。全器采用多种工艺镶接而成，制作考究，彩绘细腻，充分把陶瓷制作工艺发挥到极致。

　　八宝由八种象征吉祥的器物组成：

　　1.法轮：象征生命不息。

　　2.法螺：象征好运转临。

　　3.宝伞：象征保护众生。

　　4.白盖：象征解脱病贫。

　　5.莲花：象征圣洁象徽。

　　6.宝瓶：象征名利双收。

　　7.双鱼：象征幸福避邪。

　　8.盘长：象征长寿无穷。

景德镇三和堂出品

2021
三月大

24

辛丑年二月大 十二日	廿三清明	星期三

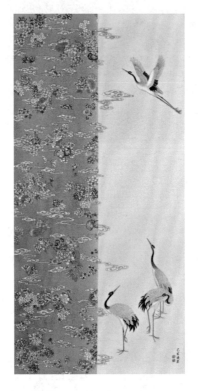

锦云祥鹤图　许飞岩　高175cm　宽85cm

作品采用对分式平衡构图布局，将景德镇颜色釉、粉彩传统工艺融为一体，以鲜明对比手法，借鉴中国传统丝织云锦百花图纹饰，铺以橙红色釉为衬托，形成色彩斑斓、富丽堂皇的装饰效果。几只仙鹤翩跹于留白素净的天空，姿态神趣，疏密分明，呈现出跨界融合、丰富多彩的艺术风格，彰显了作者不断探索的艺术进取精神。

许飞岩

2021
三月大

25

辛丑年二月大 **十三日**	**廿三清明**	**星期四**

仿哥釉八卦纹双螭龙耳抱月瓶　三和堂　高49.5cm

抱月瓶亦称"宝月瓶"，因瓶腹似圆月，故名。

　　本器小口、直颈，颈侧镶螭龙双耳。瓶身正背两面纹饰相同，中央模印阴阳太极纹饰，四周凸饰八卦纹，下承方台圈足，周身施以仿哥釉色。哥窑釉质纯粹浓厚、温润莹澈，裂纹自然交错，呈色端庄大气，于浑厚古朴中见恬淡隽秀，特别是把尚古情怀与道家思想集于一器，更是达到至臻至善之境界。

景德镇三和堂出品

2021
三月大

26

辛丑年二月大 十四日	廿三清明	星期五

孔子问礼　徐小明　高100cm　宽400cm

当站在巨幅瓷画《孔子问礼》的作品面前，观者迎来是一种难以抵御的震撼和吸引力。遒劲浓重晕染的"点"石、人物描绘凸筋传神的"线"和波涛汹涌泼彩撞色的河"面"，谱写出点、线、面演绎构成整体画面的交响乐，彰显出气韵流畅、蕴含恢宏的艺术风格。

作品典故源自春秋时期。孔子问礼于老子。老子解疑释惑，面对滔滔黄河之水，对孔丘教授"汝何不学水之大德"。孔子受益，造就了"上善若水"的至理名言。

徐小明

27

星期六

辛丑年二月大		辛丑年二月大
十五日	廿三清明	**十六日**

28

星期日

仿清粉彩折枝梅纹盖碗　永昇堂　高10.2cm　口径11.4cm　足径4.6cm

　　仿制古器，或取形，或追神，或步韵，各有轩轾。此盖碗系仿清宫旧藏，主题纹饰为折枝梅。在绿地留白如意纹衬托下，碗腹碗盖各绘白梅、红梅两组。宫梅的清净相和如意的富贵样表达着金枝玉叶的矜持。能以追摹形式复制历代珍存，正是拔萃新瓷魅力所在。

永昇堂出品

29

辛丑年二月大 **十七日**	**廿三清明**	**星期一**

圣·敦煌　罗小聪　高160cm　宽150cm

　　此作绘制明显受民间剪纸、传统水墨画和木刻艺术的影响，并运用了独创的"剃青"手法，融合了这几个艺术种类的特长，形成一种独特的绘制语言。作者不是生硬地将画面搬到器型上，而是按现代构成的规律来协调画面与器型的关系，由此形成了具有现代意义的装饰效果。毫无疑问，"剃青"手法丰富了景德镇陶瓷装饰的表现形式。

罗小聪

2021
三月大

30

辛丑年二月大 **十八日**	**廿三清明**	**星期二**

仿清粉青地粉彩花卉敞口碗　文璞阁　口径26cm　高度4.5cm

　　粉青地釉、粉彩花卉就是在高温烧好的粉青底釉上添加粉彩装饰。这件仿清乾隆的敞口碗制作精准精美，造型端庄稳重，粉青釉色纯正明洁。碗体装饰多层二方连续的花卉图案，中心位置为缠枝牡丹花，碗口缀如意耳纹，圈足部分则运用板凳纹饰予以收边定足。

　　底部款识"大清乾隆年制"青花六字篆书款。

2021
三月大

31

辛丑年二月大
十九日

廿三清明

星期三

仿清御题诗印盒　文璞阁　高4.5cm　口径8.5cm

所仿印泥盒上用来衬托乾隆《虞美人》的宝相花，即绝百花尘缘之天花。弘历深谙内典，要求用宝相花装点"霸王别姬"文字，明显是受李白"云想衣裳花想容"诗意和"真俗不二"佛理的启发。复制品酷肖原作，装饰绚丽，禅意悠悠。

文璞阁出品

2021
四月小

1

辛丑年二月大	廿三清明	星期四
二十日		

珐琅彩紫砂石瓢壶　杨国喜　高6.6cm　口径6.5cm

　　清朝康熙时宫内造办处便研制出了珠联璧合的珐琅彩绘紫砂壶，但未传到宫外。2011年前后，景德镇工匠杨国喜将其重新发掘出来，作品同时为故宫博物院和人民大会堂收藏。"石瓢壶"是紫砂传统经典款式，最早叫"石铫壶"。《辞海》释"铫"为"一种有柄有流的小烹器"。这把石瓢壶分别以折枝玉兰与花蕾装饰器身器盖，珐琅开片的料性与紫砂透气的物性天然相通，达到了善与美的高度统一。

杨国喜

2

辛丑年二月大 廿一日	廿三清明	星期五

竞翔　秦锡麟　高70cm　宽70cm

　　这是一件用高温颜色釉表现的"落霞与孤鹜齐飞"的田园景象。

　　高温颜色釉是最具难度的艺术。釉料色彩是由金属元素着色剂在高温还原气氛下生成的，不同的元素需要不同的气氛和温度，但同一幅作品中又必须同步，否则不能尽显完美。各种釉彩在没烧成之前其实都是乳白色釉水，艺术家只能通过经验猜想和估测作画。釉料的玻化点和时长对作品的优劣成败起关键作用，欠烧则僵死无色，过烧又流无定形，一件好的作品真需要与天意的默契配合才能完成。

秦锡麟

3

星期六

| 辛丑年二月大
廿二日 | 今日清明 | 清明21时34分
廿三日 |

4

星期日

仿乾隆青花斗彩龙凤纹瓷板　谦六堂　直径31.3cm

　　清乾隆时期的青花斗彩瓷在明成化的基础上发展提升，出现了不少较大器型的精品，这一时期斗彩的特点是图案装饰性更强。本器绘制细腻精致，青花发色明艳，填彩异彩纷呈，深得斗彩技法之意趣，展示了现代工匠高超的复制水平。

2021
四月小

5

辛丑年二月大 廿四日	初九谷雨	星期一

童子闹春　邹丽华　高25cm　口径60cm

　　薄胎是尊享"薄如纸"盛誉之景德镇特种工艺。现代薄胎虽以模制取代了"巧夺天工"的手工修制，但亦工序严谨繁难，不易蹴成，更何况60厘米口径的大薄胎碗。作者以精湛图案功底和彩绘技艺，精工细作地描绘了婴戏图和工整绚丽的边花图案，与巨大的薄胎精制工艺相辅相成、工巧吻合。该作可以说是难得的一件工艺佳品。

邹丽华

2021

四月小

6

辛丑年二月大 **廿五日**	初九谷雨	**星期二**

霁蓝描金开光山水瓶　御瓷坊　高41cm　腹径21cm

　　瓶仿青铜器造型，霁蓝釉描金作地。开光内粉彩山水为典型的"四王"一路：仰观高峰入云，俯察清流见底；近有乔松寄傲，远泊客舟载愁。知画者能于乐山乐水中见仁见智，忘记人会在无古无今里阅时阅空。虽一器，可涵盖万有。

御瓷坊出品

2021
四月小

7

辛丑年二月大 **廿六日**	初九谷雨	**星期三**

仿清道光珊瑚红地万福纹盖罐　正观陶瓷　高25.5cm　腹径14cm

　　这是高仿清道光传世甚少的一件精品瓷器。盖罐瓶直口、丰肩，腹下周收紧，圈足外撇。周身装饰极为华丽，口沿粉彩蕉叶纹连续口径，罐通体置斜方万字锦地纹，这种装饰锦纹常见于清代漆器。盖钮上书一"寿"字。主体腹部遍雕彩幅飞舞，含喻"万寿千福""祥瑞吉庆"。近足处有描金回纹，瓷雕加彩莲瓣纹。

　　罐底署"慎德堂制"款。慎德堂为道光建于北京城郊圆明园内的行宫，于1831年修建完工，因此慎德堂款器应该制于1831年至1850年之间。

正观陶瓷出品

8

辛丑年二月大 **廿七日**	**初九谷雨**	**星期四**

孔雀蓝锥拱蕉叶夔纹觚　正观陶瓷　高31.5cm　足径8cm　口径17.3 cm

　　仿铜觚造型，颈、足锥拱雕饰蕉叶纹，腹部饰蟠夔纹，隙地间饰回纹和云纹各两圈，通体满施孔雀蓝釉，足圈露白胎。晚明铜器的使用功能已经有所转变，一见铜觚经"打锡套管入内，收口作一小孔"，即可插花。或因铜器本身已逐渐被运用在生活中的各种场合，影响所及，烧瓷窑场亦起而模仿铜器的造型与纹饰来生产日常用品。

　　此品产烧自清初官窑，仿自铜器的形制和纹饰颇发人思古之幽情，但器表施加的孔雀蓝釉背后却有外来的文化的渊源，此为古与新的交融。

正观陶瓷出品

辛丑年二月大 **廿八日**	初九谷雨	**星期五**

天和日丽　郭文连　直径60cm

奔马，四肢跃动，动感十足。

一左一右、一红一黑两匹骏马，相向而奔，又似乎如兄弟般窃窃私语，说着悄悄话。

背景为山石图案，利用颜料的流动，再通过刮擦产生肌理效果，自然天成。

骏马因奔跑而血脉偾张、青筋隐现，嘴与鼻也因喘气而张大，腿部勾勒得强劲有力，颈肩及乱笔扫出的鬃毛十分飘逸，逆风飞扬，而腹部、臀部的弧线条很有弹性，动感十足。骏马迎风疾驰、一往无前的精神气概展现得一展无余。

郭文连

2021
四月小

10

星期六

辛丑年二月大		辛丑年二月大
廿九日	初九谷雨	

11

星期日

辛丑年二月大
三十日

青花斗彩寿桃纹盖碗　谈窑　高8.1cm　口径9.6cm

　　碗口微撇，弧度微下垂，平底，圆足。通体施透明釉，外壁中间留白绘以青花斗彩折枝蟠桃纹，图展硕果累累，妍花朵朵。料彩绚丽，工致殊常，尤其桃实点染之法极得宋人工笔画之气韵。下部以仰莲瓣相托。杯盖绘青花斗彩折枝蟠桃纹，与杯体相呼应，构图节奏明快，妙处令人赏心悦目。

谈窑出品

12

辛丑年三月大 初一日	初九谷雨	星期一

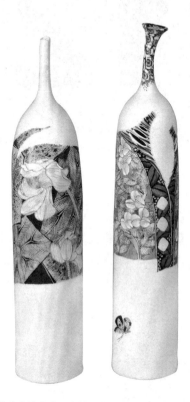

综合装饰陶艺　彭松　高67cm　腹径13cm

　　作品巧妙地运用景德镇成型的材质组合手法，创造性地把青花、古彩、雕刻相结合，突出了传统的装饰手法，展示作者对器型组合的创意搭配，造型独特，装饰丰富。尤其是把青花斗彩和古彩的图案相结合，充分表现了其既有民族性又富有装饰性的特点。

彭松

2021

四月小

13

辛丑年三月大 初二日	初九谷雨	星期二

仿清吉庆有余套瓶　熊建军　高40.6cm

　　套瓶又叫转心瓶，是乾隆督陶官唐英对皮影戏、走马灯、园林漏窗效果和原理的匠心独运。瓶颈肩部人字锦地上模拟古玉组珮，分别由如意领串，或双鱼另起，吉字居中，磬形缀后，喻"吉庆有余"。腹部开光绘鱼跃龙门，透过镂空的外层，可看到内层小瓶，手转景换。从色釉、青花、粉彩、珐琅彩到描金、镂空、浮雕、浅刻，此物几乎囊括乾隆时期最复杂的工艺。

熊建军

2021
四月小

14

辛丑年三月大 初三日	初九谷雨	星期三

翠竹溪涧　史重彬　高58cm　宽112cm

作品画面清新、疏密相间，采用釉上彩手法，依范而绘，细致工整，渲染出一种娴雅馨逸的情调。在平面设色处理上，采用清润色调，青、绿色在墨色中达到饱和状态，营造出青霭冥冥、碧峰隐隐之情境。

史重彬

2021
四月小

15

辛丑年三月大 初四日	初九谷雨	星期四

柴烧古铜釉交泰瓶　皇窑　高16cm　腹径12cm

　　紫禁城乾清宫与坤宁宫之间有交泰殿，为内廷后三宫之一。乾隆时，督陶官唐英与催总老格依据《易经》中"天地交泰"语精心设计了象征"天地交合"的交泰瓶。此器上下不即不离、互交互联，别具一格。表示威严的饕餮纹、象征祥瑞的如意纹、广布福荫的蕉叶纹将皇家气象体现得淋漓尽致。

皇窑出品

2021
四月小

16

辛丑年三月大 初五日	初九谷雨	星期五

角马　周国桢　高18cm　宽33cm

　　该作品创造性地采用了原始的泥条盘筑成型法，开辟了现代陶瓷艺术的新领域。其特点是用随意制作的泥条盘筑而成，由于粗细疏密产生了不一般的韵律感和装饰效果，内部又自然形成了空间，而且便于烧成，这应该是泥与火的最好搭配。

周国桢

2021
四月小

17

星期六

辛丑年三月大 初六日	初九谷雨	辛丑年三月大 初七日

18

星期日

树之灵　解强　高28cm　口径20cm

　　作品采用分层吹喷多种高温色釉，在"窑变"后自然形成过渡、蜕变丰富的色釉底上，用粉彩勾线和填厚白的釉上彩绘技法描绘了自然界中婀娜多姿的树林，表达了作者对自然界的敬畏之情。

解强

19

辛丑年三月大 初八日	明日谷雨	星期一

仿黄底古月轩开窗粉彩山水飘带双耳瓶　传统粉彩研究院

高40cm　口径12cm　足径17cm

　　作品为典型古月轩风格，釉质肥润，造型古朴庄重，器身饰以蝙蝠、鱼、缠枝莲，双耳用如意和万字装饰，寓意年年有余、万事如意、福在眼前。粉彩山水为开窗主体画面，画面中山石秀丽、绿水环绕，柳树婀娜多姿，梧桐枝繁叶茂，好一幅山清水秀、生机勃勃的景象。整体纹饰线条流畅，粉彩呈色艳丽，充分体现了古月轩瓷器繁缛富丽、精美绝伦的特点。本品是景德镇传统粉彩的代表作之一。

景德镇传统粉彩研究院出品

20

辛丑年三月大 初九日	今日谷雨	谷雨04时28分 星期二

逃逸之鱼·周墙　干道甫　高172cm　宽86cm

　　作品的绘画既没有停留于让瓷绘作为瓷艺制作的工艺性与装饰性特征上，也没有囿于让青花成为中国文人画的翻版或复制，而是让瓷绘进入现代绘画的领域，让釉变从表现物象的语言成为审美本身。

　　对青花瓷釉这样一种传统材料的现代方式的运用，仍然不能离弃其蕴含的借物抒怀的东方诗情，这便是青花幻境作品表达出的一种东方艺术灵魂。

干道甫

21

辛丑年三月大 初十日	廿四立夏	星期三

卧云观山　赵兰涛　高260cm　宽65cm

　　作者对传统陶瓷人物雕塑形态进行了很好的拓展，人物的造像具有很强的现代意识，安静的人物形态、典雅的影青釉色以及青碧山水的装饰符号具有很强的形式感。人物造型吸收了传统造像的造型和动态。每尊人物瓷塑都端坐于云端之上，超然脱俗。在陶瓷烧造历史上，雕塑类的大型作品是很难成型和烧成的，本作品较大的尺寸以及丰富的造型变化使其成型难度成倍增加。作者同时采用了圆雕和捏雕的雕塑手段，体现了他对陶瓷雕塑语言的娴熟运用。

赵兰涛

2021

四月小

22

辛丑年三月大 十一日	廿四立夏	星期四

仿钧釉渣斗　宝瓷林　高9.8cm　宽8cm　容量110ml

　　渣斗，又名爹斗、唾壶，用于盛装唾吐物。如置于餐桌，专用于盛载肉骨鱼刺等食物渣滓。小型者亦用于盛载茶渣，故也列于茶具之中。

　　这件渣斗成斗笠状，口微撇，端庄浑厚大气，采用传统钧瓷釉覆盖。铜红窑变是钧釉的重要特征，它是由化合两价的铜（黑色）加入分散剂氧化锡，经过高温还原（夺氧）反应，生成一价的氧化亚铜（红色），在透明釉的覆盖下，形成玫瑰紫色。这件瓷品还原了钧釉的特色特质，釉面色泽均匀、莹莹润洁、脱口如灯草边，整齐划一，底足无挂釉流淌，应该是极为难得的精品。

宝瓷林出品

2021

四月小

23

辛丑年三月大 十二日	廿四立夏	星期五

丰收时节　舒立洪　高52cm　直径26.5cm

　　半刀泥技法是在宋代刻花工艺的基础上发展起来的一个特殊工艺，在素坯上刻画，使之有深浅变化、图案有凹凸手感，再施以青釉而有"如冰似玉"的艺术效果。

　　作者大胆创新，采用釉中信笔纵墨的写意手法让作品苍藤缭绕、浓淡相依，采用半刀泥技法由釉层刻入坯骨再填入青釉，使得精雕的珠肌与意笔青花形成强烈的对比。

　　此作品即是作者对工艺与美术的全新诠释，让生命铸成歌咏，让自然成为乐章，让丰收成为赞颂的表达。

舒立洪

2021
四月小

24

星期六

辛丑年三月大 十三日	廿四立夏	辛丑年三月大 十四日

25

星期日

仿剔红描金香道五件套　宝瓷林

　　宝瓷林这套香具瓶、焚香炉、香粉罐、香粉盒、香灰碟是仿福建剔红香道五件套而作。主题纹饰为"卍字不到头"锦地"五福捧寿"，辅助纹饰有回字纹、莲瓣纹。手工刻制，本金描绘，高贵典雅，富丽堂皇。作品陈诸案头，即使不动香火，一种"且借饶玉递青烟"的绮思也会随之而生。

宝瓷林出品

26

辛丑年三月大 十五日	廿四立夏	星期一

郎红胆瓶　丙丁柴窑　高36cm　腹径19cm

郎红釉是我国传统名贵铜红釉之一，由清初督陶官郎廷极创烧。

郎红釉色如初凝的牛血一般猩红，莹澈浓艳，光彩夺目，还会产生冰裂纹，纹理之间华彩流转，瑰丽无比。"脱口垂足郎不流"是郎红釉品质的最高境界，也是最具难度的制作和烧成技艺。

氧化铜是郎红釉的着色剂。铜的还原对窑内气氛十分敏感，升温曲线和气氛浓度的指标要求苛刻，而且铜的热稳定性很差，高则挥发殆尽，低又发黑僵死，上下在几度之间，所以郎红釉的成品率极低。

这件胆瓶造型规准、挺拔大气，披上华贵的郎红釉外衣，颇具皇家风范。

2021

四月小

27

辛丑年三月大 十六日	廿四立夏	星期二

腾海蛟龙状元罐　艺林堂　高度29.2cm　口径12cm　底径10.6cm

　　状元罐样式最早出现于明永乐年间，并非是中国本土的传统造型。由于其体态硕大，大面积的罐面便于布施丹青，故这种形制一直被后人喜欢。

　　受日本"狩野派"风格影响，本品画面情节极为夸张，险峻的布局与强烈的装饰感使得其风格特征十分明显。

　　为了适合状元罐的器型组合走势，作者将罐盖画上"海水江崖"图案，与瓶身主体画面的腾海蛟龙上下呼应。本品采用传统墨彩手法绘制，通过变化丰富的笔法技巧和皴擦晕染营造空间层次，关键处又用矾红和描金点缀提神，"尽精微，致广大"，满目精神尽在匠意经营中。

艺林堂出品

2021
四月小

28

辛丑年三月大 十七日	廿四立夏	星期三

景祥富贵　程永安　直径70cm　板厚1.5cm

　　古彩是最有中国审美风范和工艺品质的釉上彩传统工艺，大红大绿，大俗大雅，色彩单纯饱和、内敛沉稳。

　　锦鸡的"锦"与"景"谐音，牡丹象征富贵的寓意，故作品象征锦绣美景、富贵吉祥。作品以矾红、古大绿为主色调，结合工笔重彩与古彩技法。锦鸡的尾翼用服饰图案形式绘制，绚丽灿烂，演绎了一种新古彩的表现手法。

　　　　　　　　　　　　　　　　　　　　　　　　　　　　　程永安

2021

四月小

29

辛丑年三月大 十八日	廿四立夏	星期四

荷花纹将军罐　洪爵振　高58cm　宽28cm

　　"荷"与"和""合"谐音，"莲"与"联""连"谐音，在中华传统文化中，经常以荷花（即莲花）作为和平、和谐、合作、合力、团结、联合等的象征，以荷花的高洁象征和平事业、和谐世界的高洁。

　　将军罐是中国陶瓷艺术中常见的一种罐式，因宝珠顶盖形似将军盔帽而得名。因将军高大威武，故常用此罐作为镇宅辟邪之物。

洪爵振

2021
四月小

30

辛丑年三月大 十九日	廿四立夏	星期五

我爱我家　熊军　高72cm　宽28cm

　　《我爱我家》陶艺作品是运用多种装饰手法才完成的一件佳作。作品具有很强的现代感和亲切的感染力，是一件在充满情感状态下创作的作品。它汇集了塑形、捏雕、色釉等多种传统手法，也体现了作者在构思、酝酿、布局、主题方面面卓越的用心与才艺。

　　呈现在我们面前的是一副鸟巢层层叠叠、上密下疏，小鸟形态生动、相依相偎、其乐融融的"我爱我家"的和谐画面。

熊军

1

星期六

国际劳动节 二十日	廿四立夏	辛丑年三月大 廿一日

2

星期日

粉彩仙姝庆寿图扁瓶　韵和堂　高15.8cm　宽11cm　足径4.8cm

　　扁瓶因腹圆似满月，又名抱月瓶、宝月瓶。此瓶饰金点翠、姹紫嫣红。开光绘麻姑迎风上槎，何仙姑凌波立叶，携仙童带寿礼离开蓬莱。与之呼应，连接颈肩的双耳也不是常见的龙或狮，而是瑶池蟠桃枝。一般男寿出东方朔为之贺，女寿出麻姑或何仙姑为之贺，双庆齐出。此器仙姝下凡，贺者当为女寿星。

2021
五月大

3

辛丑年三月大 **廿二日**	廿四立夏	**星期一**

高原情　汪凯　高120cm　宽200cm

　　作品通过梦幻般的色彩传达自己对雪域高原的崇敬，创作过程酣畅淋漓。作者于风云铿锵、万壑交响中呈现艺术感知，对"知者乐水，仁者乐山"的传统山水精神予以自己的理解，借助大自然的美传递出内心的情感。

汪凯

4

| 辛丑年三月大
廿三日 | 明日立夏 | 青年节
星期二 |

粉彩镂雕福寿双全盖罐　北厂陶瓷　高12.8cm

　　此盒完全参照宫廷用器设计。盖上镂雕漫天景云，托起翩飞红蝠与团圞篆书寿字，喻福寿双全。盒内按九天、九州、九龙等皇家事物定数共设九格，外壁绘万花不落地传统纹饰。从镶口的如意、簇胚的莲瓣到环绕圈足的好运回纹，每一细节都满是瑞气祥光。

北厂陶瓷出品

2021
五月大

5

辛丑年三月大 **廿四日**	**今日立夏**	立夏14时39分 **星期三**

霁蓝描金四季平安棒槌瓶　北厂陶瓷　高64.5cm　口径18.2cm　足径17.8cm

　　棒槌瓶形制为康熙首创，有方有圆，象征天圆地方。原器以霁蓝为地，金彩织锦，四面开光绘奇花异卉、珍翎吉羽，是清宫养心殿重要陈设。仿作真切地领悟到了乾隆时御窑厂画师笔下的盛世情怀，心追手摹，惟妙惟肖。

北厂陶瓷出品

6

辛丑年三月大 **廿五日**	初十小满	**星期四**

青花雕刻开光十方缸　镇尚陶瓷　高86cm　口径92cm　肚径93cm

　　该作品为全手工制作，采用泥条盘筑成型，结合了雕刻及釉下青花两种装饰手法。釉下青花绘制经典缠枝纹与瑞兽纹，贯穿整体。口沿及缸身部分则采取开窗设计，突出主题，同时雕刻博古纹、锦鸡、仙鹤等祥瑞图案，寓意吉祥、长寿与平安。

镇尚陶瓷出品

2021
五月大

7

| 辛丑年三月大
廿六日 | 初十小满 | **星期五** |

归去来兮　黄卖九　高152cm　宽51cm

　　《归去来兮》是作者最具代表性的作品。

　　作者釉下青花分水技法可谓一绝。妙笔驾驭的能力使坯上料水产生浓淡干湿变化，自然渐变的笔韵达到多层色阶的效果，令釉色层次丰富、美不胜收。作品采用对角线构图，大幅留白处与青花写意平分秋色，虚实相生，对比强烈，气韵生动，令整幅作品充满鲜明的节奏感与遐想的空间，可谓浑然一体、自成妙境。

黄卖九

8

星期六

| 辛丑年三月大
廿七日 | 初十小满 | 辛丑年三月大
廿八日 |

9

星期日

甜白釉凤穿牡丹雕刻缸　镇尚陶瓷　　高76cm　口径98cm　腹径100cm

作品采用雕刻装饰法，口沿及缸身局部雕刻凤凰与牡丹，缸主体位置通景浅浮雕"凤穿牡丹"图。牡丹为花中之王，凤凰为百鸟之首，丹凤结合，象征光明美好与幸福。

为了细节更显精致，雕刻部分不施釉。瓷泥精细精美，呈现出柔美温润的象牙色，和其他通施甜白釉的部位，相互辉映，相得益彰。

2021

五月大

10

辛丑年三月大 **廿九日**	初十小满	**星期一**

粉彩花卉诗文双胜笔筒　盛古珍玩　高10cm

方胜图案是吉祥纹饰之一，两两联体做成笔筒，为乾隆官窑独创。原件四面以墨彩书写乾隆御题诗，另四面为粉彩绘琪花、嘉树、奇石、舞蝶。2018年，该作于纽约苏富比高价结拍。盛古珍玩出品的复制件将昔日帝王案头良伴再现得形神兼备，实属难得。

盛古珍玩出品

11

辛丑年三月大 三十日	初十 小满	星期二

青白瓷瑞兽莲瓣华盖香炉　王水彬　长23cm　宽23cm　高31cm

　　香事、花事、茶事、绘事，为宋代文人士大夫"四事"。眼下这件青白瓷香炉，堪称宋韵感十足的文房雅器。炉身简洁明快，只用曲线加曲面；华盖又是莲瓣又是瑞兽，极尽繁复。青烟飘拂的景象使人平添"红袖添香夜读书"的冷艳清寂之想。

王水彬

12

辛丑年四月小 初一日	初十小满	星期三

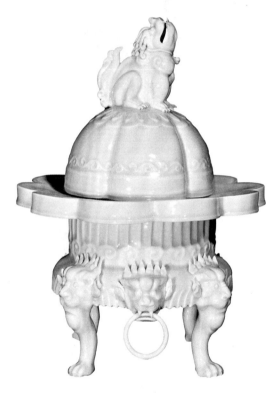

影青鼎式熏炉　王水彬　高20.5 cm　宽18cm　长17.5cm

　　中国传统文化以宋代为标志，宋代又以徽宗时代为极致。这款鼎式熏炉起线取瘦金书气韵，造型参长句平仄，细部具院体画工致，格高调雅，且釉不遮胎之美白，胎不碍釉之莹澈，素以为绚，含英咀华。尤其是盖顶吐瑞异兽，颈部护边垂幔，外底衔环铺首，纯靠胎釉装饰，极尽因材施艺之能事。

王水彬

2021
五月大

13

辛丑年四月小 初二日	初十小满	星期四

青白瓷福禄连连酒注　王尚斌　高23.5cm　口径17.5cm　底径8.5cm

　　青白瓷的美是一种洗尽铅华之美。这套酒具由莲瓣形温碗和葫芦形注子组成。葫芦谐音"福禄"，莲谐音"连"，吉庆祥和的民俗风味不待举杯便已充盈器表。至于制作手法，更是直造古人不到处。一是简洁，葫芦与莲花不支不蔓。二是简约，莲瓣构成的半高足碗亭亭玉立，宛如默诵"清水出芙蓉，天然去雕饰"的无声诗。三是简练，减一分觉少，增一分嫌多，大概这就是"大道至简"吧。

王尚彬

2021
五月大

14

辛丑年四月小 **初三日**	**初十小满**	**星期五**

雪村　朱建安　高35cm　宽23cm

　　艺术家对客观事物的表达是具有个性特点的，他可以尽情选择自己对生活、对艺术的理解和表现形式。

　　作者通过写生的手法创作了一幅童年记忆中的山村雪景。作品构图单纯，却充满新颖，韵味独特。大雪后被雪覆盖的村舍，寒冽又寂寥，白茫茫中从窗口透出的几点橙黄却带来一丝暖意，带来山村生活的气息，带来了新的生活希望。这就是作者心中的画，也是作者对陶瓷绘画艺术的理解和表现方式。

朱建安

2021
五月大

15

星期六

| 辛丑年四月小 初四日 | 初十小满 | 辛丑年四月小 初五日 |

16

星期日

唐人诗意　谢晓明　高17cm　宽26cm

　　作品通过钢丝切割成型，营造并保护了钢丝留下的痕迹和泥块边缘的天然肌理。在此基础上，作者用"湿堆法"即刻堆塑石头与树木景物，做到人工与自然的完美渗透融合。通透灵动的高温影青最大限度地保护了手作温度与泥性情感。作者用宋人的山水绘画美学诠释着唐诗意境，以求表达现代都市人对大好河山、世外桃源那种宁静纯粹生活的向往。

谢晓明

2021
五月大

17

辛丑年四月小 **初六日**	初十小满	星期一

青花镂空花卉纹香熏　守澹斋　高38cm

香熏的形制来自西亚伊斯兰地区，原为金属制品，传入中国后改用瓷器制作。

这件香熏由盖身上下两部分合成，组合后的器身中间硕大饱满，上细下短但稳健端庄。器盖中段花卉纹上有镂空纹饰，以便香气溢出。

通体青花缠绕，由上而下绘有卷草纹、缠枝莲、莲瓣纹、折枝海棠以及缠枝番莲纹，分五层纹饰。原作据说为传世孤品，现藏于故宫博物院。

守澹斋出品

2021

五月大

18

辛丑年四月小 初七日	初十小满	星期二

青花双龙玉壶春瓶　御窑元华堂

高72.9cm　口径21.78cm　腹径49.3cm　底径30.87cm

　　清雍正时期制瓷工艺突飞猛进，在继承康熙朝工艺的基础上，又有了许多创新，而且原料的选择和加工也比以前更讲究。青花瓷在雍正时期尽管不是官窑的主流产品，但其质量之精美、花色品种之丰富、艺术水平之高超都是清代其他各朝所无法比拟的。

　　这件青花玉壶春瓶尽管体形硕大，但胎壁薄而坚润。通体施纯净润泽的青白釉。瓶口沿处绘海水纹，下垂云头纹，蕉叶纹将瓶颈部衬得纤美颀长。鼓腹绘双龙赶珠图，龙身矫健修长，鼻形如意，怒发冲天，双目圆瞪，爪如风车（皇家龙皆五爪），遍体覆鳞，四周火焰腾升，威风凛凛。双龙赶珠寓意太平盛世、富贵吉祥。

御窑元华堂出品

2021

五月大

19

辛丑年四月小 初八日	初十小满	星期三

仿明永乐青花海水白龙纹扁瓶　厚森陶瓷

高45cm　口径8.1cm　腹径35.7cm　足径14.5cm

　　永宣二朝是明代青花瓷器之黄金时代。这件瓷品属于永乐朝的重要贡瓷之一。

　　瓶的前后精妙绘出苍龙回首观望、奋爪腾身、遒劲威武、一展叱咤风云之雄姿。画工精湛细腻，动感强烈。龙首轩昂，形神毕现。画作用笔工致却不媚弱，胎釉温润莹洁、宝光四射，与青翠欲滴、浓淡相宜的青花宝蓝色相得益彰，展现了永乐瓷器丰富深邃的美学风范，彰显了永宣时期的豪迈气派。

2021
五月大

20

| 辛丑年四月小
初九日 | 明日小满 | 星期四 |

仿明青花五彩鱼藻罐　厚森陶瓷
高46.8cm　口径20.3cm　腹径40cm　足径24.5cm

　　嘉靖好道，崇尚老庄。《庄子·秋水》濠上观鱼与惠施对鱼性论辩的贯穿，使器上天地圆盖、杂宝肩饰、胫部莲瓣似乎都成了道场法物，熠熠生辉。更可贵的是，复制者还将汉乐府"江南可采莲，莲叶何田田。鱼戏莲叶间。鱼戏莲叶东，鱼戏莲叶西，鱼戏莲叶南，鱼戏莲叶北"的怡然自得化入其间，别出新意。

厚森陶瓷出品

21

辛丑年四月小 初十日	今日小满	小满03时27分 星期五

黄菊花　舒惠娟　高45cm　腹径25cm

作品命名得于深秋盛开的菊花。宛若墨玉的叶，恰似仙魅的花，花瓣纤细绰约，抱成一团的雅致，在灵石之间若隐若现，承着佳人的雅韵婉丽，在芬芳缭绕里幽静含情。苏轼《次韵子由所居六咏》曰："粲粲秋菊花，卓为霜中英。"此作品贵在活泼性灵、气息生动、设色典雅，突出了轻柔雅致的格调。

舒惠娟

2021
五月大

22

星期六

辛丑年四月小		辛丑年四月小
十一日	廿五芒种	十二日

23

星期日

郎窑红釉长胫鸡心瓶　邓希平　高50cm　腹径21cm

　　"郎窑红"简称"郎红"，又称"宝石红""牛血红""鸡血红"，创始于清康熙晚期景德镇御窑，即陶瓷史书中的郎窑。

　　郎窑红釉由十几种景德镇产含有微量金属元素的原生态矿石配制，直接施于陶瓷坯体上，经还原焰1370℃以上高温烧成。釉料由烧前的无色变成鲜血般艳丽的红色，自上而下自然渐变，釉面光亮无比，晶莹剔透如自然界的红宝石般滋润。郎窑红釉是景德镇独创的高温陶瓷红釉。

　　本作品造型端庄、大气，釉面红色纯正、鲜艳无比，渐变自然清晰，釉层晶莹剔透、十分滋润，如同一颗硕大的红宝石，是现代郎窑红釉作品中难得一见的艺术珍品。

邓希平

2021

五月大

24

辛丑年四月小 十三日	廿五芒种	星期一

窑变花釉七旋瓶　邓希平　高48cm　腹径24cm

　　七旋瓶造型源于出土的青铜器。两支龙耳象征双龙腾飞，胫部有七个逐步上升的阶梯，寓意步步高升。作品采用多种高温窑变釉综合装饰，经还原焰1370℃以上高温烧制后，自然流动，呈现出以红色为主的五彩缤纷的绚丽画面，此作是景德镇传统颜色釉窑变作品中的佼佼者，其照片被制成明信片广为传播。

邓希平

2021
五月大

25

辛丑年四月小 十四日	廿五芒种	星期二

万花杯　王文广　高5.1cm　口径8.5cm

　　"百花不落地"装饰大多用在历代官窑专用赏花应景器皿上。这种纹饰的特点为繁缛贵气、姹紫嫣红。其表现手法则是在器物表层精细绘制各种花卉，中心部位以牡丹花为主题，万花竞艳，密不露地，故称为万花不落地。其对绘画娴熟程度和敷色水平都要求相当高。这种彩绘形式历来受欢迎，其寓意在于百花呈瑞，赞颂盛世昌平。

王文广

26

辛丑年四月小 十五日	廿五芒种	星期三

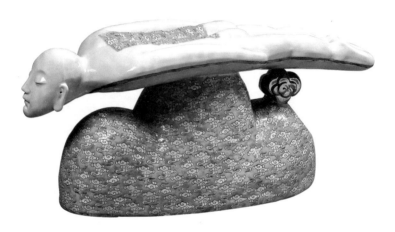

低空飞行　邵长宗　高45cm　宽50cm

　　作品运用景德镇传统陶瓷雕塑的塑造手法，采用瓷泥印坯的技法雕塑成型，高温烧制后采用粉彩描金的装饰工艺进行彩绘。作品整体由山形的基座与平行飞行的人物造型相结合，描金的祥云穿插其间。人物面部取法传统佛造像的面部轮廓与表情，展现了一个在低空围绕山川飞行的人物形象。本作品以作者的生活经历为蓝本。作者将中国传统的造像艺术、陶瓷装饰手法融入陶瓷雕塑的创作之中，试图通过线条与造型的张力传达放飞理想的主题。

邵长宗

2021

五月大

27

辛丑年四月小 十六日	廿五芒种	星期四

早生贵子仿生瓷摆盘　六逸堂

　　这件莲瓣型摆盘，内装仿生瓷，由瓷制红枣、花生、桂圆、葵花籽构成，无论是形态、大小、质感、色彩、纹理均与实物别无二致，惟妙惟肖，以假乱真，为清代乾隆时期仿生瓷复烧品。摆盘纯手工制作，表面由釉上彩精心晕染装饰，无论是制作还是烧制都颇具难度，尽显清代盛世制瓷工艺的精髓，蕴含着浓郁的自然生趣和"早生贵子"的吉祥寓意。

景德镇六逸堂出品

2021
五月大

28

辛丑年四月小 **十七日**	廿五芒种	**星期五**

东坡诗意　王锡良　高45cm

　　作品用简洁明快的笔调、清新淡雅的色彩、以小见大的格局表达了"明月几时有，把酒问青天。不知天上宫阙，今夕是何年"的东坡诗意。整体画面看似平静的线条中隐藏着丰富而细微的变化，通过得当的布局选择和对节奏的调整，展现出作者与他人迥然不同的艺术风格与意境。

王锡良

29

星期六

辛丑年四月小	廿五芒种	辛丑年四月小
十八日		十九日

30

星期日

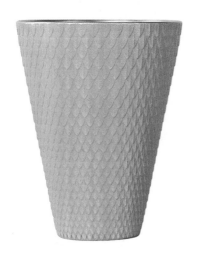

惊蛰龙鳞纹对杯　已未文化　高9.5cm　口径7.7cm　容量190ml

　　这套对杯造型简洁，门部较宽，底足较窄，采用黑釉与白釉相融合的施釉方法。白釉改良自明代永乐甜白釉，保留温润透光质地的同时去除乳浊感，釉色莹泽清雅，透光性强。作品表面雕刻出细密均匀的纹理，如同龙鳞，在釉色映衬下，寓意惊蛰时分飞龙抬头。作品集实用功能与审美功能于一身，融传统意境与现代风尚于一体。

景德镇已未文化出品

2021
五月大

31

辛丑年四月小 二十日	廿五芒种	星期一

2021

6

和·廉双杯　博大陶瓷　高15.5cm　杯口直径8.6cm　杯底直径4.5cm

　　该套双杯带托带盖，其造型在传统办公杯的基础上加以革新。杯身鼓腹如莲子形，杯身及盖以青花斗彩描绘荷花纹饰，造型与纹饰相映成趣。青花写意绘制的荷叶与釉上彩双勾描绘的花朵相得益彰，工写兼备，色彩清雅，富有装饰性的同时充满文人意趣。"荷"与"和"同音，"莲"与"廉"相谐，寓意和、廉，体现了社会和谐、政治清廉的美好心愿。

景德镇博大陶瓷出品

2021
六月小

1

辛丑年四月小 **廿一日**	**廿五芒种**	国际儿童节 **星期二**

西双版纳的早晨　余仰贤　直径60cm

　　古彩是一门既古又新的陶瓷装饰艺术：说其古，它的确是一门传统艺术；说其新，它又包含很多现代意识，有些纹样很新潮，有些手法很前卫。

　　作品采用古彩的装饰手法，描绘了西双版纳的树林中两个傣族姑娘背着水果赶集市。为了充分表达主题思想，作者以绿色为主色，使大榕树占据画面的主体布局，透过树的间隙，用红色和黄色点缀了两傣个族少女的优美动态，营造了"万绿丛中一点红"的聚焦效果。作者刻意选取传统龟纹图案作为圆盘边饰，使古老的传统装饰与别开生面的古彩新法相互比照、完美融合。

余仰贤

2021
六月小

2

| 辛丑年四月小
廿二日 | **廿五芒种** | **星期三** |

千里共婵娟茶壶　诚德轩　高12.5cm

　　壶体造型轻灵中显古朴之气，采用锦地开光粉彩装饰手法，画面背景满绘缠枝莲纹等图案纹饰，线条细腻，色彩丰富而华美，配以金色盖钮，更显出一种清代盛世粉彩之宫廷气质。四方形开光中画苏东坡诗意，以写意性笔法描绘苏轼对月举杯、思念亲友的感伤情景，疏朗的构图、幽淡的色彩与繁密富丽的锦地图案形成鲜明对比，表达了"但愿人长久"的美好祝愿。

景德镇诚德轩出品

2021
六月小

3

辛丑年四月小 **廿三日**	**廿五芒种**	**星期四**

国色天香品茗杯　富玉陶瓷　高 8.1cm　口径5.3cm　容量165ml

　　该件品茗杯胎体轻盈洁白，釉质温润如玉，综合运用粉彩与景德镇特有的彩色玲珑釉工艺，描绘"百鸟之王"孔雀。一只雄孔雀正绽放出美丽的尾屏，并与一只雌孔雀如窃窃而语，营造出一种浪漫的氛围。彩色玲珑眼则错落于尾屏之中，更显别具一格的艺术效果，绚丽而不繁杂，精致又不失内涵，象征着纯洁高贵的爱情。

景德镇富玉陶瓷出品

4

辛丑年四月小

廿四日 | 明日芒种 | **星期五**

观音　刘远长　高55cm　宽35cm

作品创作来源于敦煌观音佛像。作者通过细心揣摩，融合雕塑的语言，运用写实的手法雕塑了一个唯美的观音形象。形象慈眉善目，眉线清晰，嘴角微笑，体态丰满圆润，衣饰生动飘拂，端庄秀美体现了作者高超的造型功底。

刘远长

5

星期六

芒种18时39分		辛丑年四月小
廿五日	**今日芒种**	

6

星期日

辛丑年四月小
廿六日

陶瓷书法作品影青釉装饰瓷瓶　杨剑　高33cm　直径36cm

　　作品以陶瓷为载体，采用釉上书法以通景格式书写宋代张昇的《离亭燕一带江山如画》词意，行笔依范，节奏稳健，圆笔婉转，折笔爽朗，看似信手而来的书写技巧精微，体现了作者深厚的文化修养。

杨剑

2021

六月小

7

辛丑年四月小 **廿七日**	十二夏至	**星期一**

三礼堂瓷筷　筷乐生活

　　该款瓷筷造型规整而多样、轻巧修长、实用大方，采用多种釉色装饰，五彩纷呈，易于分辨，为餐饮文化增添光彩与乐趣。该款瓷筷经高温烧成以后，在材质上与竹木相较，具有高洁净度、抗氧化、不霉变、抗菌环保等显著优点。此作在提倡"公筷、公勺"的时代新风尚下，有助于开启国人健康三餐新理念。

景德镇筷乐生活出品

2021
六月小

8

辛丑年四月小 廿八日	十二夏至	星期二

青白釉描金茶具　观道堂　茶壶13.5cm×11cm　茶杯5.2cm×4cm

　　该组茶具在造型上以传统梨壶为原型，大胆切除其下半部分，只保留上半部造型，整个壶身更为稳重大气。壶身呈直口、短颈、溜肩、垂腹、平底，壶嘴小巧上扬，壶柄内空。壶盖顶和壶柄满施金彩，壶盖采用圆珠钮盖，盖底内嵌进壶中，能起到很好的密闭性。壶身与杯身均以青白釉为装饰。青白釉为景德镇传统色釉，其色泽白中泛青、青中透白，具有雍容典雅、简约秀气的风格特征。

景德镇观道堂出品

9

辛丑年四月小 **廿九日**	十二夏至	**星期三**

枣红釉洒金梅瓶　观道堂　高25cm　宽8.8cm

　　该款梅瓶以传统梅瓶为原型，有所创新，具有新中式风格，口小而微撇、束颈、溜肩、敛腹、足部外撇，造型高挑挺拔、丰肩瘦足，宛如美人绝世而独立，风姿绰约。作品以枣红釉为底，其色泽浓郁热烈、稳重大气，将梅瓶的气质完美衬托出来，红而不艳、美而不俗。器身结合采用人工手绘洒金，零星洒落，写意自然，与红釉交相辉映，美不胜收。

景德镇观道堂出品

2021
六月小

10

辛丑年五月大 初一日	十二夏至	星期四

青花山水　熊智华　直径30cm

　　作品"青花山水"运用泼彩手法，通过"撞水""撞色"即"分水"技法，把青花干湿浓淡的色阶呈现出来，以达到中国水墨画的墨韵效果。

　　青花泼彩是在中国画泼彩的基础上结合青花"分水"技巧逐步发展起来的新装饰技巧，随着新工艺的不断创新，将来肯定会出现更多的跨界融合。

熊智华

2021
六月小

11

辛丑年五月大 初二日	十二夏至	星期五

五福临门壶套装　宝瓷林

　　该壶组在造型上采用五种历代经典壶型，装饰手法上则继承了景德镇官窑制瓷工艺中的青花、扒花、珐琅彩、粉彩和高温色釉描金。圆珠壶采用金地珐琅彩装饰，寓意福寿康宁；高梨壶采用粉彩松石绿地、矾红描金工艺，寓意洪福齐天；迎春壶采用青花粉彩开光镶金装饰，寓意路路高升；月牙壶采用胭脂红扒花开光、珐琅彩描金装饰，寓意宁静致远；春光壶采用珐琅彩描金装饰，寓意松鹤延年。

景德镇宝瓷林出品

12

星期六

辛丑年五月大 初三日	十二夏至

13

星期日

辛丑年五月大
初四日

梅兰竹菊　陆如　每幅　高80cm　宽52cm（共四幅）

梅兰竹菊是传统中国画的重要题材之一，艺术家们常借以抒情，托物言志。作品以青花料为材质，绘梅、写兰、状竹、画菊。作者用笔用料别具一格，作品呈现出线条遒劲凸筋、圆润飘逸、疏密有致、气贯意舒的画面效果。设色变化乍看则一体，细看则前浓后淡、聚浓散淡、点浓圈淡、短浓长淡，令人赞佩。

陆如

2021
六月小

14

辛丑年五月大 **初五日**	**十二夏至**	端午节 **星期一**

丰瑶杯碟　澐知味

　　该组杯碟整器造型具有欧式风格，简约而大气。通体施白釉，釉色莹泽肥润如传统甜白；杯碟足部则辅以宝石蓝釉，独具一种英式绅士之感；杯碟边沿处皆施金彩，尽显一种高贵典雅的气质；碟足处则描绘有吉祥纹样，从而为器物增添了一份传统民族文化气息。该组杯碟集实用性、艺术性为一体，整体呈现出一种浓郁的中西文化合璧的气息。

景德镇澐知味出品

15

辛丑年五月大 初六日	十二夏至	星期二

龙凤呈祥杯碟　澐知味　杯　高46cm　直径80cm　碟　高32cm　直径118cm

　　该组杯碟由一仿清雍正小杯及托碟组合而成，整体造型古朴自然而又不失高贵典雅。全器施以珐琅彩胭脂红釉，通体红润雅致，辅以扒花描金工艺，勾勒出各种花卉图案，主体再以本金绘制龙凤图纹，装饰饱满、细腻，经典再现了传统装饰的技巧，寓意龙凤呈祥、洪福齐天。

16

辛丑年五月大 初七日	十二夏至	星期三

灵豹腕表　段文祥　直径4.2cm

"灵豹"系列陶瓷艺术腕表系青年设计师与国内著名手表品牌的合作款,作者将自创"凌晶彩"的设计运用到陶瓷表盘上,展现了青年一代将陶瓷彩绘与特种陶瓷材料相结合的探索,也表达了青年设计师创意陶瓷产业多元化发展的理念。

段文祥

2021

六月小

17

辛丑年五月大 初八日	十二夏至	星期四

绿金富贵餐具　景德镇陶瓷股份有限公司

　　该套餐具在造型上采用了中国民族餐具式样与西欧餐具式样相融合的方式，在保持稳重儒雅的民族气派的同时，衬显出欧式华贵典雅的风格气质。画面纹饰主要以宝石绿为底色，具有如翡翠玉般的色泽与质地，并辅以精致工细的黑色描金纹饰，深沉的墨绿色地与奢华的黄金色泽相互映衬，显出一种雍容华贵、庄严肃穆的品格，寓意富贵吉祥。

景德镇陶瓷股份有限公司出品

18

辛丑年五月大 初九日	十二夏至	星期五

古典园林餐具　景德镇陶瓷股份有限公司

　　该套餐具以景德镇传统青花分水装饰手法为基础，但不同之处在于采用釉中彩青花颜料印花，既避免釉上彩对人体的危害，又兼具釉下彩效果，色泽沉着之中凸显明快。画面主题为江南古典园林，采用传统界画的表现形式，亭台楼阁、小桥流水、青松垂柳、峰回路转的江南园林景观跃然瓷上，极富装饰性而又具有清新典雅的文人意境，颇具中华民族传统美学韵味。

景德镇陶瓷股份有限公司出品

2021

六月小

19

星期六

辛丑年五月大 初十日	十二夏至

20

星期日

十一日

尚德望月　俞军　高173cm　宽85cm

　　作品以暗蓝冷色调表现天空月色之意境，利用斑驳色彩的虚幻与人物产生共鸣。底部用深暖色调表现尚德望月怀人的心情，展现了一幅寂寥静谧之夜与月对话的相思图，表达了"海上生明月，天涯共此时"的诗情画意。

俞军

2021

六月小

21

辛丑年五月大 十二日	今日夏至	夏至11时18分 星期一

庐山风光　黄勇　高60cm　宽60cm

作品章法采用散点式布局，别具一格，自传统入，从造化出。画面极富表现力，大气而细腻，审美格局和情趣具有鲜明的现代感，体现了作者勇于探索的创新精神。

黄勇

2021
六月小

22

辛丑年五月大 十三日	廿八小暑	星期二

江南春晓　熊国辉　高26cm　宽130cm

　　作品采用珍珠釉墨彩技法，将瓷上绘画俨然表现出水墨淋漓的艺术效果。作者经多年摸索，在釉下细小颗粒般的亚光釉上结合釉上黑料的运用，产生类似渲染晕散的色阶，从而使整体画面色彩清新，呈现出俊雅悠长的韵味氛围。珍珠釉墨彩手法丰富了传统釉下装饰表现技法，体现了作者别具一格的艺术风格和特点。

熊国辉

23

辛丑年五月大 十四日	廿八小暑	星期三

青花瓷银饰品　忆千年

　　该组陶瓷银饰品系采用传统青花瓷片作为原材料，在保持瓷片原有形状的基础上进行打磨与适当切割，然后再根据瓷片的纹样与形态设计银饰部分，将成型青花瓷片镶嵌于银饰当中，银饰纹样与青花纹样巧妙地结合在一起，融合为一个艺术整体。由于历朝瓷片形态与纹饰的差异，故需要对银饰进行针对性设计，每一件产品都是唯一的，散发出传统文化的光芒。

景德镇忆千年出品

24

辛丑年五月大 **十 五 日**	**廿八小暑**	**星期四**

西番莲缠枝纹粉彩茶具　北厂陶瓷

　　该套九头茶具为中式茶具造型，由四杯、一带托盖碗、一茶叶罐、一壶组成，采用传统粉彩工艺描绘。画面主题为缠枝西番莲。西番莲系西域经由丝绸之路传入中国的一种花卉，自清代以来就成为粉彩装饰的一种传统纹样。此套茶具采用锦地"万花堆"构图形式，布局繁密，色彩艳丽，辅以描金装饰，更显富丽，将清宫皇家用瓷的奢华气息表现得淋漓尽致。

景德镇北厂陶瓷出品

2021

六月小

25

辛丑年五月大 十六日	廿八小暑	星期五

郎红釉六方壶　新唐陶瓷

　　此件郎红釉六方壶采用了独特的六方造型，稳重而端庄，运用传统的郎红釉装饰。郎红釉是清代康熙时期郎廷极督造官窑时所创烧的色釉名品，因烧造过程中对烧成气氛和温度等技术指标要求极高，历来烧制难度很大。此壶通体施郎红釉，釉色光洁透亮，达到了"明如镜、润如玉、赤如血"的特征，并因釉在烧成中的自然流动形成"脱口、垂足、郎不流"的鲜明郎红特色。

景德镇新唐陶瓷出品

2021
六月小

26

27

星期六

星期日

辛丑年五月大 十七日	廿八小暑	辛丑年五月大 十八日

水乡风情　孙燕明　高80cm　宽50cm（群组）

　　作品《水乡风情》陶艺雕塑为一组写意造型，以不同形态组成。作者采用拉坯旋转手法，首先塑造出意象女性的形态，再进行手工捏塑，最后雕刻而成，充分展示了江南水乡女子勤劳质朴的精神风貌。

　　作品在装饰上主要以釉下青花蓝为主色基调，运用了浓淡深浅的不同呈色，并恰到好处地点缀橙红，通过青花斗彩的彩绘，把"水乡风情"的姑娘们塑造得分外纯朴和亲昵。小桥、流水、人家，令人神往。

孙燕明

2021

六月小

28

辛丑年五月大 十九日	廿八小暑	星期一

年年有余餐具　望龙陶瓷

　　此套餐具在传统青花玲珑装饰上融入新意，以青花描绘画面，以鲤鱼为主题，构图简洁疏朗，蓝白相间，赏心悦目。器物中部描绘一尾跳跃的大鲤鱼，有"鲤鱼跳龙门"之吉祥寓意。器沿点缀水草纹加以映衬，大面积留白处则镂雕玲珑眼并填以玲珑釉，如同点点水珠。鲤鱼谐音"利"和"余"，象征吉祥如意、年年有余。

景德镇望龙陶瓷出品

2021

六月小

29

辛丑年五月大 二十日	廿八小暑	星期二

千里江山系列杯　真如堂

　　该系列杯共四件，器型皆广口、鼓腹、敛足，器型简单，沉稳大气。作品施以青白釉，色泽温和内敛，釉色澄澈，青白透亮。杯体采用手工雕刻技法，以宋代王希孟《千里江山图》为蓝本，展现山河千里之景象，精雕细刻，分毫间都有深浅层次之分。画面大气磅礴，有山高水远之广阔，亦有近山细石之精细，绘心中山河，用杯盏之器，承载千里缩影。

景德镇真如堂出品

2021
六月小

30

辛丑年五月大 廿一日	廿八小暑	星期三

猫纹创意杯　逸品天合

　　该组杯灵感取自故宫博物院的猫，造型以故宫猫为原型，杯盖巧妙地设计为微笑的猫头造型，软萌可爱。竖立的猫耳让整体造型更富立体感。红色杯身源自故宫宫墙的红色，黄色杯身源自故宫屋顶琉璃黄色，金色杯耳的造型如同金葫芦依偎杯身，有福禄随身之寓意。杯身纹饰源自故宫博物院收藏的清乾隆龙袍上的"海水江崖纹"，寓意大展宏图、福山寿海。该组杯为故宫生产的文创产品。

景德镇逸品天合出品

2021
七月大

1

辛丑年五月大 **廿二日**	**廿八小暑**	建党节 **星期四**

村舍　方文贤　高60cm　直径30cm

作品用高温颜色釉综合装饰，融雕、刻、画为一体，厚重、自然、大方。青花釉里红作品更是清新悦目。山村农舍、小桥流水，给人以安然自在、清纯恬静的艺术享受，充分发挥和体现了景德镇陶瓷独有的"火的艺术"特色和独特的材质美感。

方文贤

2

辛丑年五月大 廿三日	廿八小暑	星期五

它　郭其林　高60cm　宽40cm

作品以陶泥材质为主，化妆土辅助着色，中温烧制而成，并以拟人的处理手法对猴子形象进行主观塑造，让人与动物有着更为微妙的联系，从而形成反差的对比效果。

郭其林

3

星期六

辛丑年五月大 **廿四日**	**廿八小暑**	辛丑年五月大 **廿五日**

4

星期日

颜色釉餐具　青花故事陶瓷文化

　　器物采用手工制作，严苛工序，匠心打造，运用高温颜色釉烧制而成，光亮如玉，手感温润，边缘弧度自然流畅，底部高脚，隔热防烫。

青花故事陶瓷文化出品

5

辛丑年五月大 **廿六日**	廿八小暑	**星期一**

茶器组合套组　青花故事陶瓷文化

　　本茶器瓷质细腻、小巧适中，装饰以竹子、栖鸟为主题。画面中竹影婆娑，栖鸟立于其中，姿态盎然，神情自若。青花发色清丽，晕染虚实相生，体现春意盎然的景色。

青花故事陶瓷文化出品

6

辛丑年五月大 廿七日	明日小暑	星期二

影青杯　永和宣

　　影青者，白中映青，青中透白。其胎体通透而凝如羊脂，釉面莹润而漱若明湖，可谓是融造化于有形而得无形之气韵，妙不可言。作品让我们领略到了臻于至善的匠心之美！

永和宣出品

2021
七月大

7

辛丑年五月大 **廿八日**	**今日小暑**	小暑04时49分 **星期三**

寿桃茶壶　邵同忠

寿桃茶壶采用传统工笔丝毛手法，利用笔锋分开丝毛技法，彩绘上色，填厚玻璃白烧制后，再上色补景烧制，工序繁杂。作者自入艺以来，专攻画猫，几十年如一日，潜心研究，可见其匠心独具。

邵同忠

2021

七月大

8

辛丑年五月大 **廿九日**	十三大暑	**星期四**

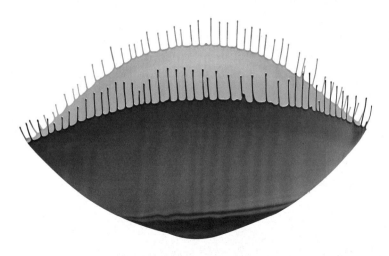

创意"雨滴"　卞晓东　高30cm　长50cm

这件创意陶瓷是用薄胎瓷工艺塑造了一滴水溅起的水花形态。超薄的胎体在高温下自然变形，通透而充满张力，表现出水的柔美与灵性。借助重力作用，流动的滴柱定格了水花溅开到极限时的精彩态势。

卞晓东

2021

七月大

9

辛丑年五月大 **三十日**	**十三大暑**	**星期五**

克莱因蓝瓶、杯　辛瑶遥

克莱因蓝是一种理想般的蓝色，此前几乎没有在瓷器上应用过。

为了最恰当地表现这种饱和度极高的色彩，作者使用了无光天鹅绒质感釉面。这种釉特殊的收缩比例容易开裂，因此坯体也需要使用特殊配比的泥料。为了达到实用性和色感目标，作者经多年研究釉料配比，终于成功让蓝色的纯度发挥到极致，将其呈现在陶瓷装饰中。

辛瑶遥

2021
七月大

10

星期六

辛丑年六月小 **初一日**	**十三大暑**	初伏第一天 **初二日**

11

星期日

窗外的风景　叶可思　高82cm　宽56cm

　　作品展现窗户的一角，外面真山水与里面瓷瓶的小山水通过窗户的衔接呼应，构成新颖。窗户是空间的一种媒介，里面小空间通过它延伸到外部世界。这是一种状态，连通里外，也是一种内心表达的媒介。通过窗户，从外向里看，是一种"窥"，而从里向外看，是一种"视"。

叶可思

2021
七月大

12

辛丑年六月小 初三日	十三大暑	初伏第二天 星期一

玲珑咖啡具　若有光玲珑瓷

　　玲珑瓷作为景德镇四大传统陶瓷之一，在当今这个时代再次勃发生机。

　　这套系列玲珑瓷茶咖套装，完全改变了传统的纹饰和造型，探索出了适应中西方生活方式的样式，给传统陶瓷品种注入了新的活力。

若有光玲珑瓷出品

2021

七月大

13

辛丑年六月小		初伏第三天
初四日	**十三大暑**	**星期二**

悠然　张亚林　长80cm　宽80cm

　　"悠然"系列作品以"门窗"拉开天人之际的一道帷幕。敞窗推门，放观自然，莲花的淡泊在窗里得到共鸣。艺术家以内敛沉稳的传统文化元素为出发点，融入现代设计语言，结合古代"造园"中以门窗引景、借景、框景的造园手法，以考究的几何形式构成流动的风景。

张亚林

14

辛丑年六月小 初五日	十三大暑	初伏第四天 星期三

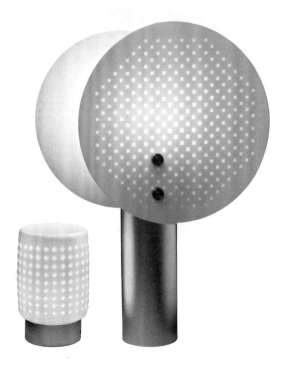

玲珑灯具　若有光玲珑瓷

作者利用玲珑瓷的透光性，再结合景德镇的薄胎瓷工艺，研发了这款适合营造氛围的台灯。前后两片进行错位处理，形成一个发光的月牙，采用镂空工艺形成桂花状玲珑，很适合惬意氛围，固取名叫"月影灯"。

若有光玲珑瓷出品

2021

七月大

15

辛丑年六月小 初六日	十三大暑	初伏第五天 星期四

天长地久对碗　冉祥飞

产品以自主研发的红釉料为主装饰，选用最好的高白泥作为原材料，精心设计青年人喜爱的造型，经高温烧制，然后在成瓷底部手工绘以三个金圈，寓意三生三世，并分别在两只碗的底部写上"天长"和"地久"的吉祥文字，再经烤花炉烧制而成，以表达对新婚的美好祝福。

冉祥飞

2021
七月大

16

辛丑年六月小 **初七日**	**十三大暑**	初伏第六天 **星期五**

观鹤图　李小聪　高60cm　宽50cm

　　此幅诗意画以空灵之境诠释诗之意蕴，笔墨增添洗练，虚实变化微妙。林木疏朗，山涧朦胧，云雾缥缈、尽显秋意。空中鹤唳云霄，高士于草亭观鹤，闲适中逸趣尽呈。

李小聪

2021

七月大

17

星期六

| 初伏第七天 | | 初伏第八天 |
| 初八日 | 十三大暑 | 初九日 |

18

星期日

刷银杯碗　冉祥飞

　　山水版"月光"系列陶瓷产品是专门为上班一族的中青年人设计的一款产品，目的是希望人们在繁忙工作的瞬间通过喝茶享受片刻山水宁静的惬意。产品装饰是在成瓷的表面施以纯银粉，经烤花炉烧制后，用铜丝打磨，经超声波清洗后再手工绘制山水纹饰，方可成器。

冉祥飞

19

辛丑年六月小	十三大暑	初伏第九天
初十日		**星期一**

绞胎系列作品　洪张良

　　所谓绞胎，是将两种或两种以上不同颜色的瓷土糅和在一起然后相绞拉坯成型，烧制而成。高温下，不同颜色的泥土收缩率不同，其制成的胎就会容易开裂，温度越高，烧制难度越大，瓷化越好，就越有收藏价值。绞胎文化源于孟子"君子本色，表里如一"。绞胎装饰是深入到胎骨的"釉下彩绘"，传达了对君子本色的尊敬和赞美。

　　这套绞胎系列作品在形制和绞胎工艺上有了很大的突破，体现了青年设计师不断探索的精神。

洪张良

2021
七月大

20

辛丑年六月小 十一日	十三大暑	初伏第十天 星期二

青花餐具　御窑元华堂

　　景德镇瓷器的特点：高温、高白、高透。这套青花餐具是经二次烧制而成，具有白度高、透明度好、瓷质细腻、釉面光亮平整的特点。由于是高温烧成，花面不易磨损，不褪色，是当之无愧的"健康陶瓷"。

御窑元华堂出品

2021

七月大

21

辛丑年六月小 **十二日**	明日大暑	中伏第一天 **星期三**

仿雍正青花斗彩团龙纹茶具　谦六堂

　　斗彩团龙纹盖碗、摇铃尊、镇纸三件作品都是具有很高审美意趣的实用器物。作品青花发色明艳，设色雅丽，绘制细腻精致，龙纹灵动，神态生威。此作先以青花在泥胎上勾勒出画面主体，罩透明釉，入窑高温烧制成瓷后，再于轮廓线中填红黄绿等彩料，二次入窑以低温烘烧而成。

谦六堂出品

2021

七月大

22

辛丑年六月小 **十三日**	**今日大暑**	大暑22时09分 **星期四**

名镇瓷毯　景德镇名镇天下陶瓷文化公司　每幅　70cm×70cm

陶瓷地毯是近几年结合景德镇传统半刀泥浮雕工艺进行原型研发的作品，先雕刻出地毯的凹凸感，再用半机械化研发模具打造出逼真的质感。该产品纹饰采用了吉祥如意图纹设计，经高温烧成，具有致密度高、耐磨、防滑等特点。

景德镇名镇天下陶瓷文化公司出品

2021
七月大

23

辛丑年六月小 **十四日**	**廿九立秋**	中伏第三天 **星期五**

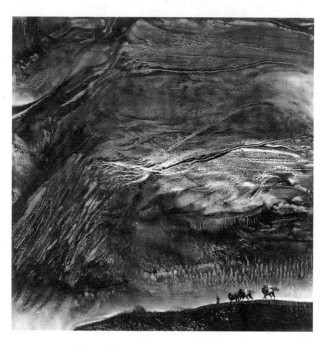

驼队的行进　徐子印　高50cm　宽50cm

作品采用陶瓷釉上泼彩画手法，利用陶瓷材料自身的特性结合多种技法创作而成。作者摆脱了传统的皴石法表现，形成了自身独特的装饰风格，令人耳目一新。

徐子印

2021 七月大

24

星期六

中伏第四天 十五日	廿九立秋	中伏第五天 十六日

25

星期日

和鸣·昱　景德闲云居

　　《和鸣·昱》是一组在传统形制上改进的茶艺品。作品提出了对传统概念新的表达方式，纹饰装饰也打破了传统的平衡，使绚丽色彩与重复穿插的凤凰图案形成强烈对比，呈现出巴洛克式的浪漫、亲昵、柔美，诠释了凤凰传统的精神内核。

　　"昱"代表光明。作品以强烈的情感表达，传递出凤凰对浴火涅槃的渴望。

景德闲云居出品

2021
七月大

26

辛丑年六月小 十七日	廿九立秋	中伏第六天 星期一

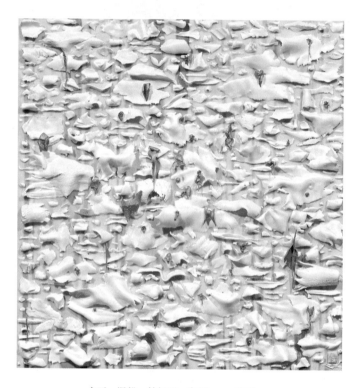

金百·涅槃　林朗明　高60cm　宽60cm

此作品是作者对中国传统哲思的当代物化演绎。飞卷的瓷片雏形源于日常"无用"材料的有效转化。自然生发的泥性有机地序列组合，模糊了二维与三维的边界，打破了生活中对"瓷"的既定概念认知，拓展了陶瓷媒介的艺术表现性和文化承载力。

林朗明

2021
七月大

27

辛丑年六月小 **十八日**	**廿九立秋**	中伏第七天 **星期二**

青花影雕套组　浩然堂

　　景德镇传统的陶瓷雕刻远在宋元时期就已成熟，手法有浮雕、浅浮雕、半刀泥、划花等工艺，进入新时期，又将中国画的用笔势向、气韵、以及西画的构思构图、结构关系引入陶瓷雕刻中。青花图案的叠加延伸了它的文化内涵，提升了景德镇陶瓷装饰的美学修养。

　　这组套具的设计充满强烈的时代气息，体现了温馨的人文关怀，展现了景德镇工匠精神和工匠思想。

浩然堂出品

2021

七月大

28

辛丑年六月小 十九日	廿九立秋	中伏第八天 星期三

藏南秋韵　龚循明　高115cm　宽210cm

　　这是一幅作者在西藏南部实地写生基础上采用瓷板材料创作的巨幅写实作品。画面构图视野开阔，远眺雪山巍峨，近景山脉延绵，山涧蜿蜒，绚丽多姿，用色冷暖对比，取景动静相宜，设色庄重，点染饱满。作品融中西技法，令人如临其境、触景生情，强烈地抒发了作者对这片神圣天地的挚爱情怀。

龚循明

29

辛丑年六月小 **二十日**	**廿九立秋**	中伏第九天 **星期四**

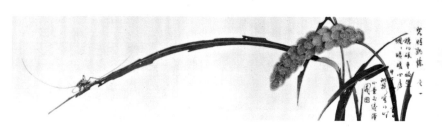

儿时记忆　范双梅　高30cm　宽90m

　　作品采用剪辑手法，构图新颖，布局精巧，主题突出。作者通过饱含青花钴料的勾勒与分水，寥寥几笔把"穗儿硕丰收忙，蝈蝈唱暖心房"的主题表达得淋漓尽致。娴熟酣畅的运笔、虚实相映的对比、神完气足的画韵，体现了作者将民间青花简朴率真的风格与中国文人画相融合的探索与尝试。

　　　　　　　　　　　　　　　　　　　　　　　　　　　　　范双梅

30

辛丑年六月小 廿一日	廿九立秋	中伏第十天 星期五

倒牛奶的少女　韩子丰　高61cm　宽51cm

作者取材于老照片，褪色的照片追忆出逝去的生活场景和抹不去的心中忆恋。作者正是抓住生活中常见的瞬间作为切入点，通过陶瓷载体，利用高温色釉的流动性和恰到火候的焙烧，或隐或现地再现了少年时代的心仪倩影。"蒙太奇"的表现手法让人们感受到时光的稍纵即逝与物是人非的世态变迁。作者通过恒久的艺术形式保留了童年时期的纯真记忆。

韩子丰

2021

七月大

31

辛丑年六月小 **廿二日**	**廿九立秋**	中伏第十一天 **星期六**

2021

8

彩霞映井冈　洪勤学　高80cm　宽170cm

　　作品以陶瓷釉上彩墨作底，运用釉上釉下相结合的呈现效果，把釉下红作为主调，重彩重染，强调了红色井冈山的"红"，展现出中国人民艰苦奋斗的作风和坚定不移的革命信念。

　　作者通过把写实描绘变为抒情式的写意表现，营造了画面布局气势恢宏的形式感，使笔墨韵味也得到充分表现，体现了作者扎实的艺术功底。

洪勤学

1

辛丑年六月小 **廿三日**	**廿九立秋**	建军节 **星期日**

亲　陈丽萍　高26cm　宽56cm

　　此作是作者母与子题材的系列作品之一。作品以团块相拥造型，辅之影青釉的装饰，非常恰当地表现了女性化的温情，传递出特有的母爱之情和安详之美，极具现代陶瓷雕塑的审美意识。

陈丽萍

辛丑年六月小 **廿四日**	**廿九立秋**	中伏第十三天 **星期一**

古彩山水镶器　占昌赣　高39cm

　　古彩装饰具有浓郁民族气息和淳朴风格的特点。古彩设色红绿分明，层次较少，色彩鲜明透彻，因其平涂的工艺限制，约束了古彩山水的层次、空间和虚实的表现，这正是画古彩山水时需要克服的难点。

　　本古彩山水作品的创新点在于，作者通过线条的层次变化来达到区分前后与轻重的效果，一改工笔古彩的刻板，达到了构图新颖、层次丰富、错落有致、极富风雅的效果。

占昌赣

3

辛丑年六月小 **廿五日**	**廿九立秋**	中伏第十四天 **星期二**

古丝绸之路　熊文波　高32cm　宽112cm

　　作品运用高温色釉和粉彩装饰相结合的工艺手法，描绘了满载前行的驼队，歌颂了西北人民坚韧不拔的意志风范，赞美了中华民族努力奋斗的精神品质。

　　作者先在素板坯上根据构图需要施高温色釉铺垫高原环境，再用粉彩勾画驼队和人物，设色凝重，画面壮阔。作品再现了古丝绸之路作为东西方经济和文化交流渠道的重要作用。

熊文波

4

辛丑年六月小 廿六日	廿九立秋	中伏第十五天 星期三

一叶扁舟　况冬苟　高57cm　宽80cm

对从事艺术的人来说，心有柔情，线则缠绵，犹如一串清幽的音色流出短笛。作者正是在这样背景下抒发情感，通过瓷上综合彩的手法把线条驾驭得游刃有余，一张一合，开合自然。山景无木，却感娇嫩葱郁，充满生命的张力和韵律。作品把宋代词人"扁舟一叶，乘兴离江渚"的心绪描绘得淋漓尽致。

况冬苟

2021
八月大

5

辛丑年六月小 **廿七日**	**廿九立秋**	中伏第十六天 **星期四**

荷韵　欧阳桑　每幅　高110cm　宽36cm（共四幅）

　　作者在继承传统的青花分水基础上勇于探索，以绘画性、装饰性、工艺性为主导，潜心研究陶瓷青花艺术，综合运用雕刻与青花分水的表现手法，赋形造像，寓情寄意。难得的是作者能突破传统，使作品呈现出一种浑厚、庄重、明快、灵动的艺术特色。作品既有泼墨中国画的韵味，又有工写结合的艺术风采，个性鲜明，充分表现出陶瓷青花艺术作品的魅力和感染力。

欧阳桑

2021
八月大

6

辛丑年六月小		中伏第十七天
廿八日	**明日立秋**	**星期五**

雅趣　徐萍　高36cm　直径17cm

作品巧妙利用写意青花笔调描绘雄鸡，用釉里红装饰鸡冠，在素颜的青色中点缀暖色的鲜红，形成视觉聚焦。雄鸡动势矫健，神态锐利，笔墨奇纵，呼之欲出。

徐萍

2021

八月大

7

星期六

立秋14时37分
廿九日

今日立秋

8

星期日

中伏第十九天
初一日

爱因斯坦　冯杰　高50cm　宽35cm

　　瓷板肖像画不仅要有深厚的素描功底，而且还要熟练地掌握和运用陶瓷装饰材料以及彩绘工艺技法。作者花费长达3个月的时间精心细腻绘制的瓷上肖像画《爱因斯坦》，画作逼真写实、神情并茂，精湛的色彩运用使其不失亲切与俊朗，让观者赏心悦目、印象深刻。

冯杰

9

辛丑年七月大	十六处暑	中伏第二十天
初二日		**星期一**

渔樵耕读　余新华　每幅　高45.5cm　宽15cm（共四幅）

作品以"渔、樵、耕、读"为创作主题，表达了农耕社会民间的基本生活方式，古代多为官宦用来表示退隐后生活的象征。作者采用白描手法，配以浅绛彩敷色，使画面产生清新淡雅的效果，表达了作者对宁静致远的人生境界的赞赏。

余新华

10

辛丑年七月大 初三日	十六处暑	末伏第一天 星期二

滕王阁序　朱丹忱　高59cm　宽21cm

　　作品选用高温影青色釉镶器，以《滕王阁序》为主题，展示了作者研习书法艺术的心得。作品中小楷深谙晋人笔意，行笔空灵流畅，隶书取法《乙瑛碑》，谨严素朴，行草拟文徵明，用笔温润秀劲、开合自然，四方印章点缀其中。作品根据字体需要，分别采用油料、水料工艺，整体布局工整精巧、浑然天成，展示了国粹书法的艺术魅力。

朱丹忱

11

辛丑年七月大 初四日	十六处暑	末伏第二天 星期三

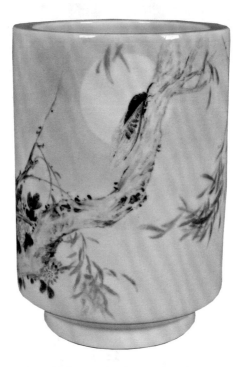

月下蝉鸣　江和先　高52cm　直径22cm

作品构图以蝉为主题，而蝉又名"知了"，故有知足常乐的寓意。作者采用传统粉彩工艺手法，将画面中的知了刻画得惟妙惟肖。作品设色粉润柔和、清新淡雅，充分体现了作者的中国画功底和艺术风格。

江和先

12

辛丑年七月大 **初五日**	十六处暑	末伏第三天 **星期四**

秋硕　陆涛　直径80cm

　　作品撷取了岭南山野一景作为绘画题材，着意渲染"蕉绿花红菊正黄，双雀伫憩野池塘。渚岩丛竹拂轻风，逝水秋来满院凉"的诗境意蕴。整幅画面布局疏密有致，构图因器施画、层次分明、对比协调、气韵生动，形成简恬意趣的视觉效果。可以看出，作者的中国画造诣很高。

陆涛

2021

八月大

13

辛丑年七月大 **初六日**	**十六处暑**	末伏第四天 **星期五**

赤壁赋·书法　李晓辉　高56cm　腹径23cm

　　为了体现书法和内涵的古朴精深，作者选用亚光色釉，将昏黄施为底色、棕黑为装饰色，刻意形成不规则残片形式，上书工整楷书《赤壁赋》。

　　作品纵有行、横无列，落笔从容，随心而动，字体宽和雍容、风骨透逸，有轻裘缓带之风，提按使转、粗细变化极富节奏感，结体法度严谨、挺秀润健，是一件难得的陶瓷书法艺术佳品。

李晓辉

14

星期六

七夕 初七日	十六处暑

15

星期日

末伏第六天
初八日

都江堰风光　王品刚　高57cm　宽117cm

"西蜀都江堰、源远水长流。"都江堰是艺术创作的源泉。作者采取泼墨手法，作品色彩丰富、艳丽，浓淡渲染中呈现层次。作品将近、中、远景致描绘得虚实相映、墨韵淋漓，把都江堰的自然美和建筑美完美融合在一起。与传统陶瓷山水表现截然不同，这件作品充分现出中国画之水墨精髓，体现了作者对陶瓷釉上彩高超的驾驭能力。

王品刚

16

辛丑年七月大 **初九日**	十六处暑	末伏第七天 **星期一**

苍松图　陶然　高40cm　口径36cm

　　　陶瓷装饰的绘画对器物造型有一定的从属性，是在三度空间的立体造型上加以描绘的，要选择最佳部位，达到多视角的艺术表现效果。该作品堪称"因器施画"的典范。作品采用釉上彩装饰手法，把画、书、诗、印融为一体，精心布局，巧妙构图，呈现出古朴敦厚、气贯风雅的艺术效果。

陶然

17

辛丑年七月大 初十日	十六处暑	末伏第八天 星期二

春江晓起　王秋霞　高83cm　宽171cm

　　最美不过江南春，山青水碧映画图。作者没有用重染重彩的色调去描绘气韵生动的峻岭山川，而以轻巧淡雅的笔触去抒发青山绿水的怡情。冉冉升起的朝阳映照在山川秀美的祖国大地上，呈现出"水映青山帆影远，日丽风和颂太平"的诗情。

王秋霞

2021
八月大

18

辛丑年七月大 **十一日**	十六处暑	末伏第九天 **星期三**

映日荷花别样红　江月光　高58cm　腹径26cm

　　古彩的文化品格植根于中国传统文化，它的艺术语境已经演变成了地地道道的陶瓷艺术语言，最终呈现出来的还是一种大巧若拙、以拙藏巧、大道至简的高雅气度。

　　作品采用古彩手法描绘荷莲，荷叶圆润，荷花绽放，布局讲究，色彩俊雅，造型端庄，把"荷风惊浴鸟，桥影聚行鱼"的景色描绘得充满遐想，体现了作者深厚的艺术功底。

江月光

2021

八月大

19

辛丑年七月大 **十二日**	**十六处暑**	末伏第十天 **星期四**

吉庆童子　张中闻　高116cm　宽44cm

　　作品描绘的是庭院中嬉闹的婴戏场景。静动结合的布局使画面产生令人怀念的童年记忆，特别是其中不同的笔法和填色技法的处理，使孩童身上光润鲜亮的衣饰与枯笔皴染的灰色调湖石形成质感对比，营造了整体画面的轻与重、浓与淡的平衡美感。这正是作者艺术风格的精髓所在。

张中闻

20

辛丑年七月大 十三日	十六处暑	星期五

雄风　余冬保　高130cm　宽130cm

　　作品采用釉上新彩的装饰手法，刻画了传统道教中钟馗正气浩然的形象，寓意驱邪扶正、招祥纳福。

　　作者将陶瓷绘画特有的技法与中国画水墨表现融为一体，以没代绘，酣畅淋漓，以料代墨，把人物形象描绘得神态凛然、令人敬畏。人物的衣衫通过"没骨法"技法处理，画面呈现灵动飘逸的动感效果。画作设色鲜艳饱和，对比刚柔相济，整体画面呈现形、神、韵兼备的艺术特点。

余冬保

2021
八月大

21
星期六

辛丑年七月大 十四日	明日处暑	中元节 十五日

22
星期日

云里春山景无限箭筒　吴光辉　高42cm　直径36cm

　　作品采用高温颜色釉装饰，构图立意追求气韵贯通、虚实相生，设色以翠绿为主基调，着力表现生机勃发、清新宁静的意境。

　　白云环绕中的翠山青峦，绿得深沉，翠得醉人。从远山深处纵横跌宕涌流的山泉犹如弹奏美妙的山曲，挺拔多姿的劲松迎风摇曳，似乎在吟唱早春的赞歌。作品表现了大自然的祥和、和谐与勃勃生机。

吴光辉

2021
八月大

23

辛丑年七月大 十六日	今日处暑	处暑05时17分 星期一

潜龙在渊　刘在新　高6cm　宽18cm

　　笔洗是文房之重器，用以盛水洗笔。这件作品首先用传统的圆雕技法塑造外形轮廓，再运用捏雕手法捏出龙的动态，干透后，方可用浮雕技法精刻出每个细节，形成潜龙匍匐于行云流水之间的整体造型，再巧施青釉，通过高温烧制，使其釉色晶莹肥润，呈现出恰似流动的韵律，增强作品的动感。这的确是一件集景德镇传统圆、捏、浮雕技法为一器的佳作。

刘在新

2021
八月大

24

辛丑年七月大 十七日	初一白露	星期二

雪景文具　余刚

　　这套文具主要是指笔筒、笔洗、印盒、花插、水盂。这是文人案头的常备之物，当然也有不同配件。这套文具采用重工粉彩雪景装饰，画工细腻，敷色雍容雅丽，风格鲜明，品位较高，是一套兼顾了艺术表达与实用功能的文房艺术品。

余刚

2021
八月大

25

辛丑年七月大 十八日	初一白露	星期三

飞凰　辛莉　高112cm　宽28cm

作品描绘了"孔雀"沿瓶飞腾的姿态，采用了金色勾线和书法文字进行装饰，布局依形而就，设色富丽堂皇，凸显了作品主题"飞凰"的表达。

作品造型选用大型镶器为载体，工艺难度相当大，由于是粉彩装饰，需烧两遍红炉。无论是搬运还是烧制，其过程充满了极大的挑战。

辛莉

26

辛丑年七月大 十九日	初一白露	星期四

郁金香　邹晓雯　高50cm　宽50cm

　　作品首先从题材的创新角度去挖掘素材，并试图从构图上突破传统的格式，形成动与静、虚与实的对比，并以轻盈的蝴蝶点缀，看似不平衡的画面由此达到了视觉平衡的效果。

　　特别是设色处理，作者大胆将传统古彩工艺与现代陶瓷艺术设计理念相结合，体现了当代审美情趣。

邹晓雯

27

辛丑年七月大 二十日	初一白露	星期五

红楼大观园　赵昆　高112cm　宽200cm

作品选取《红楼梦》中的大观园，用传统粉彩手法进行描绘，场景盛大，人物众多，气势恢宏，把《红楼梦》中大观园的奢侈慕荣和世态炎凉表现得淋漓尽致，体现了作者深厚的艺术功力。

赵昆

2021
八月大

28

星期六

辛丑年七月大 廿一日	初一白露	辛丑年七月大 廿二日

29

星期日

游春图　赵明生　高83cm　宽46cm

作品以春风杨柳为背景、踏马游春为主题，运用丰富多变的新彩装饰手法，把一行丽人畅游的情景描绘得淋漓尽致。作品构图简洁，用笔老道，下笔藏韵，设色清新，具有鲜明的个人艺术风格。

赵明生

2021

八月大

30

辛丑年七月大 廿三日	初一白露	星期一

山家清幽　杨曙华　高100cm　宽100cm

　　传统青花瓷大多都用中国画或图案进行式装饰。这件作品基本上描绘的是一幅中国画山水。在创作的过程中，除了用中国画的构图、立意之外，陶瓷绘画特别要注意的是与工艺技术的契合，因为陶瓷绘画的表现与纸上绘画有很大的不同。宣纸上的笔墨趣味、浓淡晕染、干湿墨韵有它形成的特定语言，与在瓷上的表现有很大的区别。这件作品很大部分用了青花揾水技法，通过火的淬炼，才能达到气韵流畅、翰墨淋漓的艺术效果。

杨曙华

2021
八月大

31

辛丑年七月大 廿四日	初一白露	星期二

2021

9

明月松间照 徐亚凤 高68cm 宽38cm

一轮明月之下，苍松遒劲挺拔，锦鸡丰满生动，菊花簇拥开放，溪水静静流淌。整幅画面动静相宜、设色细腻、神形兼备，画外意境令观者回味无穷。此作足见作者艺术功力和艺术修养之深厚。

徐亚凤

2021
九月小

辛丑年七月大
廿五日 | 初一白露 | **星期三**

花好月圆　邹达怀　直径50cm

　　作品运用通景构图法，沿圆形瓷板周围施画，营造视觉空间上的律动感，形成了孔雀起舞、花卉簇拥的美丽场景。画作以小写意和没骨手法相结合的技法描绘，组合成淡蓝色的圆月，让人感悟到凝聚向心的主题传达，恰到好处地诠释了"花好月圆人团圆"的良好祝愿。

邹达怀

2

| 辛丑年七月大
廿六日 | 初一白露 | **星期四** |

视觉中的符号　张晓杰　高30cm　宽12cm

　　作者把具象的物质抽离演变成抽象的表现符号，撷取当代陶瓷艺术表现的肌理语言，通过线条、纹理和色彩互相的碰撞，造成陶瓷艺术空间的维度裂变，从而释放出新的陶瓷艺术语境，重新构筑表现的延伸空间，从作品中似乎可以窥见达利之梦幻、康定斯基的多彩与德·库宁自然的传达。

张晓杰

3

辛丑年七月大 廿七日	初一白露	星期五

春趣 俞暄 高56cm 宽56cm

　　作品先用半刀泥手法雕出芭蕉叶，然后施以影青釉烧制，配以淡紫色的灌木丛为背景，为传统婴戏图注入了现代装饰情趣。题跋的形式也增添了画面的层次感。诗、书、画、印集一器，体现了作者深厚的文化艺术功底。

俞暄

2021
九月小

4

星期六

辛丑年七月大 廿八日	初一白露	辛丑年七月大 廿九日

5

星期日

岁月·青葱　石佳宜
大　高47cm　宽22cm
小　高28cm　宽32cm

　　一种是沉着的生命暗色，一种是舒展的生命鲜活，作者采用了对比的手法表现了生命铺陈与舒展的鲜活状态，绚烂至极。作品寓意了生活中的酸甜苦辣、喜怒哀乐。流淌的釉色、起伏的造型，诠释了"岁月"的坎坷历程，这就是陶瓷艺术的魅力。

石佳宜

6

辛丑年七月大 三十日	明日白露	星期一

梦幻江南　齐茂荣　高50cm　宽40cm

作者以稳健老辣的笔调见长，构图简洁，层次清晰，有着较强的个人艺术风格。该作品把江南水乡的"小桥、流水、人家"的诗情画意描绘得淋漓尽致。

齐茂荣

2021
九月小

7

辛丑年八月小		
初一日	今日白露	白露17时37分
		星期二

春雨　吴天麟　高190cm　宽140cm

　　作品根据唐代诗人韦应物最负盛名的山水诗句"春潮带雨晚来急"的意境而创作，描绘春天山雨欲来的景色。悬泉瀑布，波涛汹涌、喷花击石，崖前一株杜鹃花尽展其姿。近处六只鹌鹑遥相呼应，它们伴着节奏的水涛声，陶醉在春意盎然中。作品传达出初春时节的自然界生机勃勃、万般风情的景象。

吴天麟

8

辛丑年八月小 初二日	十七秋分	星期三

福地游龙　周景纬　高25cm　宽111cm

　　作品是以高温窑变色釉为基础，结合釉下错金银彩工艺和戗金立体水珠工艺装饰陶瓷。其创作过程工艺复杂，难度极高，每一颗水珠都需要手工独立操作完成。作品烧成后，用玛瑙笔在图纹上慢刮出金色亮光，使其形成立体效果，再施以专利配置的保护釉，使得金彩装饰在陶瓷上不易氧化、不易脱落，能够传世保存。

　　本件作品中"鱼"谐音"余"，表示富裕，象征吉祥瑞气。

周景纬

2021
九月小

9

辛丑年八月小 初三日	十七秋分	星期四

春桃李夜宴图　徐庆庚　高100cm　宽200cm

　　《春桃李夜宴图》是一幅世俗风情画，表现的是李白同亲朋好友在日暖月明的时分，在一起饮酒赋诗、畅谈人生的情景。他们或投壶论诗，或提笔斟酌，或俯首沉思，或细心赏评。作者巧妙安排李白仰首挺胸对着当空皓月慷慨吟诗，使众人的目光都集中到他的身上，形成聚焦中心。人物表情、动态各异，相互呼应，格调高雅。画中又以鲜花盛开的桃树、李树及高悬的红灯点明环境，烘托园中人物，照应"春桃李夜宴图"的主题。作品线条清圆细劲，笔墨奇纵，人物面部传神准确，反映了作者高超的造型功底及细腻入微的艺术把握力。

徐庆庚

10

辛丑年八月小 初四日	十七秋分	教师节 星期五

鹭鸶栖息芙蓉香　黄晓红　高80cm　宽170cm

　　作品描绘了黄昏时分，余晖透过芙蓉花把湖面洒满，六只形态各异、憨态可掬的鹭鸶悠闲休憩在芙蓉花丛中，在一片金辉色的映照下，显得静谧安逸。

　　作者运用了经多年摸索创新的泼彩分水手法，完成了该幅作品的创作。青花分水写意画法，不仅需要掌握高难度的分水工艺技巧，而且要有深厚的中国画功底，只有二者兼而备之，才能达到如此精湛的艺术效果。

黄晓红

11

星期六

| 辛丑年八月小
初五日 | 十七秋分 | 辛丑年八月小
初六日 |

12

星期日

青苹果　张景辉　高71cm　宽37cm

　　作品《青苹果》意在表达青春少女时期的形体美。作品造型上采用削弱细节、提炼概括的手法强化了形体上的流动感，使整座雕像单纯中体现出微妙。作品采用传统单色影青釉，呈现出圣洁的冰心玉洁之美。作者在工艺上突破了传统接斗留痕的缺陷，达到了完美写实又生动形象的观感效果。

张景辉

2021
九月小

13

辛丑年八月小 初七日	十七秋分	星期一

云峰茶友　高义生　高67cm　腹径52cm

　　作品采用传统釉下青花技法，以黄山景色为题材作品，把险峻的奇峰、苍劲的松柏、涌动的云霭作为渲染对象，衬托画面中人物怡然自得的品茶观景。构图虚实相间，层次分明。作品的特点：一是发色翠兰、沉稳、养目，这得益于青花钴料独特研制的配方；二是云雾的表现运用躺水分法，并融进了水粉画的技法，使画面增强了写实的效果，形成了鲜明的艺术风格。

高义生

2021
九月小

14

辛丑年八月小 初八日	十七秋分	星期二

1951年9月14日—2021年9月14日　　人民美术出版社成立70周年

红楼梦　傅长敏　每幅　长126cm　宽126cm（共四幅）

　　作品在景德镇独有的超薄瓷板上，采取了素粉彩的装饰手法，将《红楼梦》人物的姿态神情通过内置灯光投射出来，产生如梦如幻的艺术效果。作品中的古装仕女描绘精细、色彩雅丽、形神可鞠，显示了作者清雅细腻的艺术风格和特点。

傅长敏

15

辛丑年八月小 初九日	十七秋分	星期三

秋塘　陈军　高84cm　宽24cm

　　作者充分吸收中国文人画的审美思想，将秋天的荷塘、荷叶、荷花表现得萧瑟缥缈，动态若思的灰鹭给画面增添几分凭秋临霜的淡定。作品构图空灵大气、用色淋漓、造型端庄。釉里红发色纯正、鹭鸶姿态生动、色彩清新淡雅，形成了构图清雅的艺术特色。

陈军

2021
九月小

16

辛丑年八月小 初十日	十七秋分	星期四

神舟新气象　胡昭军　高113cm　宽57cm

　　作品巧妙运用自然流淌的肌理效果，描绘祖国雄伟的大好河山。图中运行的高铁犹如奔驰的中国龙，是中国崛起、和平发展的象征，代表着我国改革开放的伟大成就与速度，即被世界所称的"中国速度"。

胡昭军

2021

九月小

17

辛丑年八月小 **十一日**	**十七秋分**	**星期五**

春风得意丽人行　李文跃　高84.5cm　宽39cm

　　作品采用高温色釉与釉上粉彩及墨彩相结合的综合彩工艺技法，描绘了"三月三日天气新，长安水边多丽人"的动人场景。作品以五光十色熔融流动的高温"窑变"花釉渲染塞外景象，用笔细腻、赋色雅丽的釉上粉彩人物和故事场景，恰到好处地将釉与彩两者特色和优势熔融化一，最大化地凸显主题，达到了工与艺的精妙融合，体现了作者精到的造型功力和文学素养。

李文跃

2021
九月小

18
星期六

辛丑年八月小 十二日	十七秋分	辛丑年八月小 十三日

19
星期日

高原圣洁　熊亚辉　高100cm　宽100cm

　　作品采用高温颜色釉为装饰手法，以珠穆朗玛峰为创作主题，整个画面由远及近，从高到低，层次分明。赤色峰峦连绵起伏，白雪覆盖山峰，与天相连，高原碧水孕育苍生，整体画面气势恢宏，釉色效果难以复加，呈现的神圣与俊秀令人赞叹。

熊亚辉

2021

九月小

20

辛丑年八月小 十四日	十七秋分	星期一

禅化融金　曹春生　高50cm　宽21cm

禅定是一种修为的形态。菩提树化成石形，寓意意志坚如磐石。石的永恒性与修为意志的坚定性在本质上互通作用，凝练出的精华必定如金般纯粹宝贵，其境界如金色祥云，普泽万物，灿烂辉煌。

曹春生

21

辛丑年八月小 **十五日**	**十七秋分**	中秋节 **星期二**

披纱少女　冯怡轩　高75cm　宽50cm

　　作品描绘了一位披着民族风格纱巾的少女在春季的朝阳中回眸一笑，妩媚妖娆。在创作中，作者除了继承传统瓷上肖像画技法的细腻、逼真、写实特点外，还大量融入了油画中色彩的技法，凸显了作者不断创新的精神。

冯怡轩

22

辛丑年八月小 十六日	明日秋分	星期三

祝福　姚大因　直径54cm

　　作者用内蕴丰厚的高温花釉来塑造敦煌题材风格绘画，将抽象意蕴与具象人物、陶瓷文化与神秘文化有机结合，利用颜色釉自然变幻的特点使画面色彩的亮度和冷暖关系产生奇妙对比。人物造型亲和端庄、体态祥和，作者将釉彩的虚虚实实、斑斑驳驳的平衡表现得出神入化。

姚大因

2021

九月小

23

辛丑年八月小 十七日	今日秋分	秋分03时04分 星期四

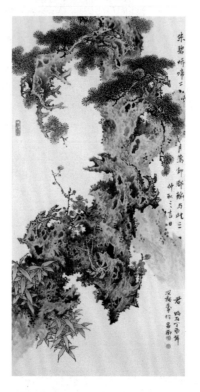

岁寒三友　况毅　高112cm　宽56cm

松、竹四季常青，临冬不凋，梅则临寒开放，是中国传统文化中高尚人格的象征。作者用传统粉彩的技艺手法，层次分明地描绘了风寒严冬的松树、挺立傲然的梅花、不畏风霜的竹子，笔墨苍浑厚重，又不失灵动秀逸。画面整体苍劲有力，清雅高洁。

况毅

24

辛丑年八月小 十八日	初三寒露	星期五

松山听鹤语　刘文斌　高42cm　腹径31cm

踏步松山听鹤语，静石卧泉水长流。画面中，云彩在天空飘浮，山谷远处传来声声鹤鸣，伴随着清澈的泉水，好一派离尘脱俗的悠然意境。

刘文斌

2021

九月小

25

星期六

辛丑年八月小 十九日	初三寒露	辛丑年八月小 二十日

26

星期日

听声觅景　陈云开　高60cm　宽120cm

　　人们常见釉上粉彩"雪景山水"，鲜见釉下青花"雪景山水"。作者用传统的青花分水等釉下彩技艺，娴熟和形象地描绘皑皑白雪、银装素裹的村落山川，令观者获得一种"宁静致远"的精神熏陶。

陈云开

27

辛丑年八月小 廿一日	初三寒露	星期一

苏轼泛舟　汪明　高30cm　宽45cm

　　作者以苏东坡等文人雅士游赤壁的典故为题材，采用传统粉彩独特的填彩工艺，用呈现的肌理
效果加上马牙皴的表现技法，将"赤壁"的磅礴气势和大江浩瀚的景象描绘得淋漓尽致，抒发了作者
"风景这边独好"的豪情逸致。

汪明

28

辛丑年八月小 **廿二日**	初三寒露	**星期二**

山乡春韵　黄水泉　高40cm　宽40cm

　　釉上泼彩装饰《山乡春韵》瓷板画作品，画面构思新颖，寓情于景，富有"水抱孤村远、山通一径斜"诗的意境。画面中大面积泼彩，形成自然灵动、极富肌理的山体绿洲。作品色彩沉稳，雅而不俗，形象地展现了大自然的鬼斧神工。人物、动物、树木、房舍点缀其间。灵动的小狗奔跑在前，身背竹篓的村姑脚步匆匆、归心似箭。骑坐牛背的牧童横吹笛，好不悠闲自在。画面呈现出一幅充满山乡情趣的美景，让人观之似乎身处一个宁静的港湾。整个画面构思布局奇巧、动静有致、气韵生动、浑然天成。

黄水泉

2021
九月小

29

辛丑年八月小 **廿三日**	初三寒露	**星期三**

荷　杨冰　高85cm　宽85cm

　　作者创造性地运用青花"点彩"技法，以擅长的向日葵为题材，形成了独特的艺术风格。该作品取景大自然中荷花盛开的景观，作者用自己独具的艺术符号来表现大片荷叶，烘托纤细的荷花，用传统的笔墨与现代构成来表达画面整体的美感，使作品大气而又丰满，极富装饰性。

杨冰

2021

九月小

30

辛丑年八月小 **廿四日**	初三寒露	**星期四**

2021

恋蝶　张学文　高60cm　直径25cm

作品传承了景德镇"双勾分水"传统青花工艺，线条流畅遒劲，分水层次丰富，色彩柔和雅丽。
作品将客观写实与主观浪漫、点线面构成，与传统白描绘画与西洋色彩素描、中国传统图案吉祥寓意
与现代工艺装饰形式美法则等有机融合，开创了当代景德镇青花和青花斗彩悦人耳目的新面貌。

张学文

1

辛丑年八月小 **廿五日**	**初三寒露**	国庆节 **星期五**

她　刘颖睿　高80cm　宽45cm

　　作品的主体沿用了景德镇青白瓷的质感，独特的改性技术使传统的陶瓷材料具备良好的生坯韧性，形成了看似纤细脆弱的绒毛质地。在硬质陶瓷材料上，作者娴熟地驾驭柔性的质地表现，凸显材质的反差效果，产生一种惊人的对比、一种认知的惊叹。

刘颖睿

2021

十月大

2

星期六

辛丑年八月小	初三寒露	辛丑年八月小
廿六日		**廿七日**

3

星期日

蓝金符号系列　詹伟　高58cm　宽29cm

　　作品运用蓝色和金色符号的结合和穿插形成形与色的对照与反差以及色彩迷离梦幻的形态空间。造型上，作品在曲与直、动与静、虚与实的对比中呈现音律般的美感。绘画语境与雕塑形态的契合，使作品具有二维与三维叠合的独特艺术效果。

詹伟

2021

十月大

4

| 辛丑年八月小
廿八日 | 初三寒露 | **星期一** |

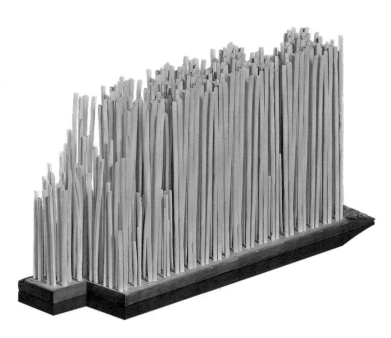

籀立篆　戴清泉　高150cm　宽85cm

　　作品以中国画中的线条为基本元素，把具有书写意味和表情的"线"置立于由平面的二维延伸到三维立体状态的新环境中，使传统的书写形式上升到一种行为状态。

戴清泉

5

辛丑年八月小 **廿九日**	初三寒露	**星期二**

器韵　余剑锋　高55cm　宽18cm

　　作品通过山石造型元素和现代方器的融合运用，将传统文化融入现代设计美学，将对自然崇拜的山石感知演绎成一种文人审美与精神象征。作品充分运用了高温颜色釉工艺，使其产生丰富多彩的釉色变化。多层次的肌理、风格迥异的造型，具有强烈的视觉冲击力。

余剑锋

2021
十月大

6

辛丑年九月大 初一日	初三寒露	星期三

对话系列之万物生　虞锋波　高130cm　宽100cm

　　作品应用了陶瓷材料的平面性、浮雕性和立体性的表达，采用装置手法，把山石从平面中剥离出来，以立体的方式呈现。起烘托作用的植物则运用平面背景的方式，使其勃勃生机更加融合，形成了立体映现的效果。

虞锋波

2021
十月大

7

辛丑年九月大 初二日	明日寒露	星期四

悠游吟　喻宏　高38cm　宽110cm

作品以山石形态为造型，其上栖立着两只隔首相望的小鸟，在长条奇石状体与孔洞状形体之间建立了空间上的呼应关系和虚实对比。作品造型新颖、奇特，既富有东方花鸟画的笔墨意趣，又具有很强的当代艺术的视觉效果。

喻宏

2021
十月大

8

辛丑年九月大 初三日	今日寒露	寒露09时25分 星期五

赣江颂　余乐恩　高210cm　宽900cm

这是一幅宽9米、高2.1米的超大型陶瓷装置艺术作品，主题表达的是江西山水风光和人文历史风貌。七万余片各种釉色的陶瓷，用蒙太奇式的平面拼贴，营造了一种艺术化的特殊效果。远之，是熟悉的江西山水世界；近之，是有丰厚质感的陶瓷材质。

余乐恩

9

星期六

辛丑年九月大		辛丑年九月大
初四日	十八霜降	初五日

10

星期日

雄风图　刘新凯　高43cm　宽82cm

　　雄狮是尊贵、威仪的象征，把雄狮作为绘画题材的着实不少。它已成为中国传统文化的一种象征。

　　作品构图别致，神态传神。两头雄狮卧石远眺，黄棕色的鬃毛随风而动，特别是雄狮的眼神射出犀利而威严的光芒，观者仿佛听到那深沉、洪钟般的狮吼。作品营造出威风凛凛的艺术感染力。

　　狮为祥瑞神兽，是勇猛精进的化身。

刘新凯

11

辛丑年九月大 初六日	十八霜降	星期一

豆蔻年华　李青　高132cm　宽61cm

　　图中两仕女神态恬静优雅，笔触刚柔兼济，刚直中的柔婉更甚于飘飘衣裙，与明清仕女表现的"柳丝袅娜春无力"形成反差，呈现出"应是绿肥红瘦"般风流自得的雍态。作者采用高温颜色釉特有的窑变效果和创新的瓷上绘画技法，赋予了画面清新的诗意。

李青

2021
十月大

12

辛丑年九月大 初七日	十八霜降	星期二

四季花卉　陆岩　高115cm　宽85cm

　　自古花卉入画，表达各季花语以及文人寓意。作者承继了陶瓷世家的创作风格，用笔洒脱飘逸，简洁明朗阐述主题。釉下青花结合印章红，对比鲜明，浓淡过度恰到好处，凸显繁荣昌盛的景象。

陆岩

2021
十月大

13

辛丑年九月大 初八日	十八霜降	星期三

秋色落晖　江鹏　高50cm　宽45cm

　　用釉下单色青花来表达深秋季节是比较难的，作者采用了树干落叶的方式来点明主题，起到了一目了然的作用。作品用笔娴熟，借鉴中国画手法，枯、湿、浓、淡相合相宜，把秋的"凋零"融进了"禅"的韵味。

江鹏

14

辛丑年九月大 初九日	十八霜降	重阳节 星期四

山川碧秀　周鹏　高140cm　宽70cm

　　景德镇陶瓷粉彩的色料异常丰富，绿色的颜料就有大绿、水绿、苦绿、淡苦绿、山头绿、石头绿、净苦绿、翡翠等，为陶瓷艺术家提供了丰富多彩的创作材料。在古彩、珐琅彩、粉彩、青绿山水作品中，这种绿系色料的运用千姿百态。这幅粉彩山水就是充分运用绿系色料进行创作的一次成功实践。

周鹏

2021
十月大

15

辛丑年九月大 初十日	十八霜降	星期五

高严秋净图　王玉清　高60cm　宽110cm

　　高温色釉和釉上彩绘相结合进行创作，是很多艺术家喜欢的形式。《高严秋净图》就是综合运用各种技法的作品，先用高温黄釉烧制底釉，然后在釉上彩绘创作，经二次甚至多次烤花完成。

　　作品经过釉上釉下不同气氛、不同温度火的洗礼，产生了一种不可言说的奇妙效果，将云雾缭绕的万千景象表现得出神入化。

王玉清

16

星期六

辛丑年九月大 **十一日**	**十八霜降**	辛丑年九月大 **十二日**

17

星期日

伟大的母亲　钱大统　高70cm　宽56cm

景德镇陶瓷绘画的表现力强。各种绘画效果几乎都能在瓷上呈现。这个呼之欲出的慈母形象就是运用素描技法，结合传统瓷板像制作技艺完成的。

多层次灰度渲染、空间环境的营造、叹为观止的细节刻画，成就了这件作品的精彩，印证了景德镇陶瓷无可比拟的强大艺术表现力。

钱大统

2021
十月大

18

辛丑年九月大 十三日	十八霜降	星期一

和谐家园　丁虹　高35cm　长120cm

　　中国禅境营造的是空灵与简洁，讲究"不着一言藏深意"，这也是作者所追求的作品境界。作品中采用了很多综合手段，特别是色釉和粉彩技艺。例如粉彩"玻璃白"的运用，利用色釉和玻璃白的不同折光反射效果，把白色芦花的瓣瓣波光恰到好处地表达出来了。

　　在和谐画面中，作者既造景又懂添情，那些成双成对、羽色斑斓的鸳鸯，似乎在向人们诉说着动人的爱情故事。

丁虹

2021
十月大

19

辛丑年九月大 **十四日**	**十八霜降**	**星期二**

洛神赋　涂金水　高30cm　宽40cm　厚14cm

　　这是一件工艺上有着极高难度的瓷雕作品。之所以难,一是构思难,把东晋顾恺之的二维中国画转换成立体镂雕,经营布局,穿插转换,其难度非语言可以表述。二是成型难,作品上大下小、上重下轻,在瓷雕创作中实为大忌。三是制作难,瓷雕是只能做减法的艺术,这么复杂的构件,林林总总,层层叠叠,哪怕无意磕碰一小块,也会导致前功尽弃。四是烧制难,在高温状态下,瓷泥骤变松软,造型复杂的瓷件,坠沉和坍塌都很容易发生。

　　令人不可思议的是,作品竟能烧制得如此完美。

涂金水

2021

十月大

20

| 辛丑年九月大
十五日 | 十八霜降 | 星期三 |

夜光曲　周红　高26cm　腹径41cm

　　《夜光曲》是一件具有工艺独创性的釉上新彩指画作品。

　　用手指在瓷上作画，在景德镇的历史并不长，但对作者整体素质的要求却很高，作品一气呵成，指画有韵。

　　只有艺术修养达到一定的境界又掌握十分娴熟的彩绘功夫时，才能做到胸有成竹，一蹴而就。那夺人眼球的手指，其实是传导艺术家意念的神经末梢，是表达情感的肢体工具。

　　有个行家说，只有集诗人的才情、画家的素养、巧匠的技艺，才可能成为指画艺术家，否则将一筹莫展、束手无策。

　　不无道理。

周红

21

辛丑年九月大 十六日	十八霜降	星期四

尧舜禅让图　方复　高81cm　宽172cm

　　古彩又称五彩，是景德镇陶瓷装饰四大支柱（青花、古彩、粉彩与高温颜色釉）之一。古彩线描刚劲有力，色彩对比强烈，图案工整典雅，画风古色古香。作品把"美矣大红大绿，妙哉古色古香"艺术特征发挥到极致，成为构图完整、剪裁紧凑、文化厚重、技艺成熟的古彩精品。作品有许多可圈可点之处，充分展示了古彩的民俗味、历史味与中国味。由于在工艺上采用的色彩是传统炼制的本土颜料，故呈现出热烈而厚重、喜庆而不浮躁、世俗而典雅、艳丽而不火气的特点。整个作品没有瑕疵，是一件不可多得的艺术珍品。

方复

2021
十月大

22

辛丑年九月大 十七日	明日霜降	星期五

青衣　赵紫云　直径60cm

　　《青衣》是通过个人艺术特色表现中国戏曲艺术的瓷画作品。

　　作者对戏曲人物造型、服饰、头饰进行过深入细致的认真研究，加上出身粉彩艺术世家，对粉彩技艺了如指掌，所以才能巧妙准确地运用粉彩手段表现画中人。

　　特色陶瓷的语言、浓郁的装饰情调、精巧的用笔用线，把画中人的妩媚唯美化地展现出来。

赵紫云

2021

十月大

23

星期六

霜降12时36分		辛丑年九月大
十八日	今日霜降	

24

星期日

		辛丑年九月大
		十九日

君子在野乐淘淘　陈敏　高50cm　宽24cm

　　这是一方"顶十圆"的镶器，四方瓷面采用通景画形式描绘了天真的童趣。

　　这件作品的陶瓷语言特别丰富，有青花釉里红、青花分水、青花斗彩。但是各种技法并不是简单堆砌，而是根据画中情节的需要有目的性地设置，还必须有意识地精心处理好器型、色彩、工艺、画面情节等要素的和谐关系。这件作品充满了祥和和欢乐的气氛。

陈敏

2021
十月大

25

辛丑年九月大 二十日	初三立冬	星期一

瑞雪迎祥和　夏明来　高170cm　宽135cm

作品采用"平远法"与"之"字形的全景式构图经营画面。

作者用墨色浓淡、巧妙留白表现雪地肌理，用遒劲方折的笔法皴染绵远山脉和褶皱山谷，染多皴少，以显阴阳向背和层次变化。坡脚则隐没于淡墨晕染的烟岚雾霭之中，作者运用斧劈皴伴以淡墨加染画山石。

在这幅作品中，画家对树木长短远近、虚实疏密进行了变化处理，场景开阔，意境幽远。作者延续了北宋山水画可居可游的构图方式，把人与山川紧密地融合在一起，精妙的笔墨和富于才情的细节刻画使画作呈现一派生机勃勃、辞冬迎春的景象。作品别具一格、气韵流畅，体现了作者中国画功底的深厚。

夏明来

2021

十月大

26

辛丑年九月大 廿一日	初三立冬	星期二

秋歌　赖德全　高46cm　腹径30cm

　　这是一曲无声的歌、浪漫豪放的秋之歌，远山密林在聆听，湖水倒影在和旋，透明洁净的自然遥想共鸣，化作一曲魅力无穷的秋浪歌谣。

赖德全

2021

十月大

27

辛丑年九月大 廿二日	初三立冬	星期三

瑞雪牧归　刘伟　高60cm　宽60cm

　　作品用陶瓷粉彩的手法来表现北国风光。在陶瓷山水画品类中，唯有雪景画是独立的。

　　这件作品一改景德镇传统雪景山水固有的表现形式，以写实的手法描绘了北国梦幻般的冰雪世界，蓝灰重色托雪白的处理手法使雪色显得更加高洁。那乡间篱笆以及墙边的小黑狗、风雪中干枯的老树以及牧归的老人……洋溢着自然与人的和谐欢乐。诗意般的田园景色、朴素单纯的色调把人们带入恬静的北国乡村。

刘伟

28

辛丑年九月大 廿三日	初三立冬	星期四

水仙花开　涂冀报　高58cm　腹径28cm

　　作品采用釉上新彩加粉彩的方式装饰，簇拥向上的花团、亭亭玉立的婀娜身姿隐喻水中君子的冰清玉洁和不同凡俗的孤傲。

涂冀报

29

辛丑年九月大 廿四日	初三立冬	星期五

影青松鼠　朱正荣　高65cm　直径45cm

这是一件高温色釉及综合装饰的瓷画筒，采用影青浅浮雕表现春夏秋冬，其中憨态可掬的松鼠象征生命的欢乐和吉祥。

朱正荣

30

星期六

辛丑年九月大 廿五日	初三立冬	辛丑年九月大 廿六日

31

星期日

2021

长城印象之古风　程飞　高53cm　宽30cm

　　《长城印象之古风》以"釉变""流变""窑变"的艺术肌理表达长城内外峰峦延绵不绝、历经岁月沧桑之背景，取其秦砖汉瓦、竹简篆文、兵马武装以及岩壁上风化残蚀的图腾、瓦当为历史片断，融情于景，在有限的空间里无限放大观者的想象力。作品充分体现了作者用发展的眼光去发现和挖掘传统历史文化中美的真谛与永恒，向世人展现中华民族上下五千年深厚的文明。

程飞

2021
十一月小

辛丑年九月大 廿七日	初三立冬	星期一

金玉满堂　熊汉中　高32cm　腹径36cm

作者把中国画的构图形式和方法运用到陶瓷创作中，生动地刻画出了紫藤迷人的风采，串串花穗垂挂枝头，灿若云霞，三三两两的红色金鱼穿游其中，突出金鱼的灵动感。整个瓶体装饰有度，简略大方。作品寓意荣华富贵、家丁兴旺、事业顺利、财运亨通。

熊汉中

2021
十一月小

2

辛丑年九月大 **廿八日**	初三立冬	**星期二**

香飘乾坤　宁勤征　高61cm　腹径26cm

　　"香飘乾坤"是高温中华红颜色釉堆画作品，属作者代表性作品之一。作品以高温中华红颜色釉为背景，结合绘、刻、堆、填、涂等多种工艺手法，运用多种高温颜色釉堆画手法创作烧制。

　　用陶瓷颜色釉表现梅花是作者的独创。陶瓷高温中华红颜色釉，光亮如镜、灿若骄阳，非常适合表现梅花的亮丽高洁、坚韧顽强的精神品格。

宁勤征

2021
十一月小

3

辛丑年九月大 廿九日	初三立冬	星期三

醉春容　王淑凝　高130cm　宽50cm

　　《醉春容》是采用珍珠釉作底色、将窑变色釉和斗彩结合在一起的瓷板画作品。通过这种工艺手段的综合表现，牡丹雍容华贵的仪态被烘托而出，体现了作者牡丹彩绘的独到审美。

王淑凝

4

辛丑年九月大 三十日	初三立冬	星期四

福地　王卫平　高56cm　宽112cm

作品为釉上山水，采用擦皴没骨法绘制，考究的构图、邃远的空间、禅意满满的高僧、袅袅飘浮的佛香，好一幅幽居山林图。

王卫平

2021
十一月小

5

辛丑年十月小 初一日	初三立冬	星期五

"道"　郭立　高56cm　宽56cm

作品在古色古香、无光粗糙的瓷板上，以浓重清晰而又渗化模糊的手法书写了大篆"道"字和草书录《道德经》开篇的两句并落款，用突破常规的章法、正草粗细的笔法揭示"道"深刻博大的内涵，达到形式和内容的高度统一。

郭立

2021
十一月小

6

星期六

辛丑年十月小 初二日	今日立冬	立冬12时46分 初三日

7

星期日

白雪无古今　盛炳华　高60cm　宽170cm

　　作品运用新彩与粉彩相结合的装饰工艺，以细腻而又具有写意性的笔法和深沉厚重的色彩将青藏高原连绵高峻的雪山冰峰表现得淋漓尽致。皴擦点染间，氤氲云雾与山峦在作者的笔下尽显风采，营造出一派天地苍茫、萧瑟寒峭的冰雪世界，而在雪域冰山下，却见瀑溪湍急，映衬出超然脱尘的境界。

盛炳华

8

辛丑年十月小 初四日	十八 小雪	星期一

红楼群芳　夏徐玲　高60cm　腹径30cm

作品以《红楼梦》中的主要人物为绘画对象，运用我国传统工笔粉彩陶瓷工艺和现代陶瓷绘画技法，将"红楼群芳"生活的那个时代、特定的社会政治背景及文化底蕴描绘出来。画中人物迥异的神态表现出多种文化元素在人们生活中的沉淀。

夏徐玲

2021

十一月小

9

辛丑年十月小 初五日	十八小雪	星期二

晨曲　熊婕　高33cm　腹径33cm

　　作者以青花绘制出密集的树枝，纵横交错，远处初升的太阳，栖息枝头的小鸟三三两两，天真活泼，生机勃勃。作者把中国画的技法融入到釉上釉下的陶瓷装饰中。

　　动感十足的构图、雅致的色彩、个性洋溢的表现方法，汇成了一篇其乐融融的田园诗情画。

熊婕

2021
十一月小

10

| 辛丑年十月小
初六日 | 十八小雪 | 星期三 |

鸟惊一片林　卢伟　高120cm　宽80cm

　　用青花表现繁缛密集、层层叠叠树花场景，几乎没有成功的先例。这是因为青花彩绘工艺制约造成的。青花具有先入为主的强烈排他性，每一笔复描都会对前者造成摧毁性的破坏，更不必说连章成篇大面积反复涂抹。

　　这件别开生面的青花作品之所以能够成功，与作者开创性的工艺革新分不开的。

　　我们坚信，随着青花彩绘新工艺的不断出现，不同风格的青花作品将层出不穷。

卢伟

2021
十一月小

11

辛丑年十月小 初七日	十八小雪	星期四

和谐　於彩云　高33.6cm　直径26cm

　　作品采用青花勾线分水的装饰方法，在造型的主要视觉点装饰盛开的莲花，叶子与花相互交织衬托，花柄与叶柄如穿梭其中的线，画面有机地形成一个完整的画面。画面简洁大气，在纯粹的青花蓝中展示大的色块对比，而荷花作为主体，又进行细腻的表达和渲染，充分突出了青花的特点。釉质润泽晶莹剔透，烘托了陶瓷装饰美感。

於彩云

2021
十一月小

12

辛丑年十月小 初八日	十八小雪	星期五

美人含笑　张弛　直径35.5cm

作者先用喷釉法施银灰色无光底釉，再用刻釉法刻虞美人纹饰，最后用填釉法填涂绿金沙釉、蓝花釉等色釉。鲜丽光亮的色釉与底釉形成对照，充分体现釉质肌理美和构图装饰美。

张弛

2021
十一月小

13

星期六

辛丑年十月小 初九日	十八小雪	辛丑年十月小 初十日

14

星期日

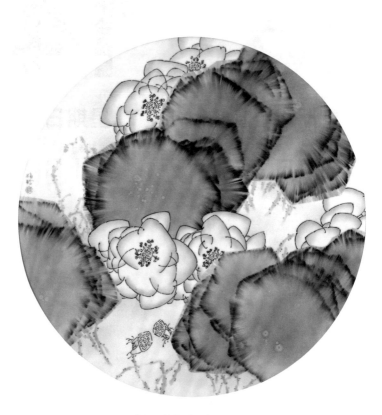

荷韵　钱梅玲　直径90cm

　　作品巧妙地将大小不同的荷叶平铺画面，层层叠叠，用夸张变形的淡紫色花朵穿插其间，使画面清新雅致，与绿色的叶子形成充满美感的色彩搭配。荷花的茎秆将点线面融为一体，给人一种清新脱俗的恬静之美。

钱梅玲

2021

十一月小

15

辛丑年十月小 **十一日**	十八小雪	**星期一**

层脊　傅国胜　高60cm　腹径26cm

密集层叠的瓦顶能够成为青花创作元素，体现了作者的艺术智慧。

作者根据传统中国画"密不透风，疏可跑马"的构图原理，将密集的屋顶和大片的空白做了很好的虚实处理，并借机造就了画面的"势"。作者在瓶口添加了几根横线，构成了画面情节相互间的扭曲张力。几只飞鸟的点缀，宁静的村落回响着生命的交响曲。

傅国胜

2021
十一月小

16

辛丑年十月小 十二日	十八小雪	星期二

瑞雪　温宁荣　高50cm　宽50cm

　　此作品采用高温颜色釉斗彩，描绘银装素裹、雪花飞舞的景色，喻示着瑞雪兆丰年，象征着人们过上美好的生活。

温宁荣

2021
十一月小

17

辛丑年十月小 **十三日**	**十八小雪**	**星期三**

瓷片故事　黄焕义　高50cm　宽42cm　厚36cm

　　作品表达了古人和今人对碎片的敬仰。提到碎片，人们往往会想到炼金术、魔法、神话和神明。在景德镇，碎片也能激起类似的联想。

　　初看起来，这些雕塑让人以为是日常器皿打碎后留下的大瓷片，然而碎片放大后，则显得气势不凡，平滑的边缘和优雅的造型非常现代。

　　"瓷片故事"既是与中国古典正统的对话，也是与西方工业文明的交流。在创作中，作者对两者兼收并蓄，热衷于在丢弃的瓷片中发掘深邃的意境。作品是现代艺术家对过去遗留碎片的重塑再造，是承载厚重的点滴历史在现代激起的回响。

黄焕义

18

辛丑年十月小 十四日	十八小雪	星期四

醉春风　秦胜照　高120cm　宽30cm

作为镶器造型的作品，四面都各有一个主题，运用釉上和釉下的综合手段装饰。釉下色料的色相浓淡疏密，花卉枝干错落穿插。釉上彩绘的花卉和鸟禽则施以饱和度很高的亮艳粉彩颜色。作者从工艺、色彩以及材质肌理上制造出画面的反差，呈现出"青则雨润，彩则露鲜"的审美特征。

反差形成视觉冲击力，细节延伸文化内涵，这也许是作者创作智慧的呈现。

秦胜照

2021

十一月小

19

辛丑年十月小 **十五日**	十八小雪	**星期五**

翔 涂志浩 高56cm 宽56cm

　　这是一件用传统珐华彩表现手法创作的瓷板画，由于加入细腻繁复的民间图案，装饰性更加强烈，特别是用线的生动流畅、用色的古朴典雅，凸显雍容华贵。

　　振翅的双鹤、翻腾的波浪、漂浮的花朵，强烈的动感象征着顽强不屈的生命力。

涂志浩

2021
十一月小

20
星期六

21
星期日

辛丑年十月小 十六日	明日小雪	辛丑年十月小 十七日

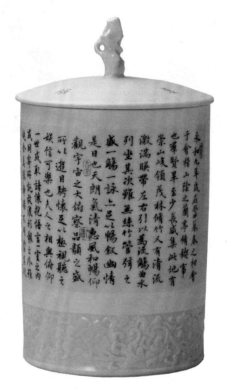

《兰亭集序》盖罐　汪开潮　高28cm　口径18cm

　　陶瓷书法作品《兰亭集序》盖罐，盖罐的造型端庄厚重，盖罐顶部的盖钮别开生面、富有情趣。

　　盖罐底部的装饰花纹体现陶瓷的主题，盖罐底部的花纹又和顶部的造型遥相呼应。安排在器件视觉最佳位置上的书法主体，底色采用豆青釉面，包括背景釉色和盖罐边角图案的底色同为一色，上下呼应，既起到了分隔作用，又形成节奏感。

　　颇见功底的书法依托端庄的造型、巧妙的布局、素雅的色调展现了陶瓷书法不一样的文化艺术内涵。

汪开潮

2021

十一月小

22

辛丑年十月小 **十八日**	**今日小雪**	小雪10时20分 **星期一**

庭院清赏 李磊颖 高43cm 腹径24cm

作品为我们描绘了天真无邪的儿童生活场景，人物憨态可掬，场景描绘简洁，线条劲挺润泽、疏密有致。这是重温儿时乡居生活的写照，伴有作者对稚子的怜爱之情。质朴无华的作品唤醒观者愉悦的儿时记忆，唤起童心童趣，释怀人生。

李磊颖

2021
十一月小

23

辛丑年十月小 十九日	初四大雪	星期二

金玉满堂　吴志辉　高42cm　宽31cm

作品以新彩手指画技法为主，点染、勾勒结合，刻画出了金鱼在水中轻盈游动的动态，并自然留下作者的手绘指纹。"金鱼"与"金玉"谐音，是中国传统作品中的美好寓意题材。

吴志辉

2021
十一月小

24

辛丑年十月小 二十日	初四大雪	星期三

风生水起　张婧婧　高38cm　宽70cm

　　作品的创作要素来源于水的曲线。水是和谐的代表，也是最流畅的一种状态，曲线更是典型的优雅线条，柔美的线条中包含张力。在追求极致线条美感的同时，作品更关注曲面相交构成蕴含力量的线条与边界。

　　在创作过程中，先于工艺的形态构想是作品产生的基础，泥土的塑性与作品形态之间的平衡点是工艺的瓶颈。在合理应用泥土特性的同时，作者大胆改变由拉坯成型方式衍生出的传统形态，不论是二维的或是三维的重组，均建构出突破常人思维方式的作品形态，实现了作品空间的奇妙转换。

张婧婧

2021

十一月小

25

辛丑年十月小 廿一日	初四大雪	星期四

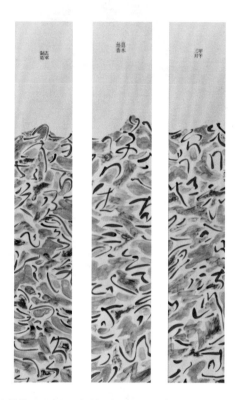

书象韵律　尹志军　每幅　高150cm　宽20cm（共三幅）

　　意象陶瓷书法作品在保留传统书法基本元素的基础上，大跨度地超越了传统书法的格局，并巧妙地将西方抽象表现主义的若干元素融入其中，比如对造型性的要求、对表现至上的追求。作品从现代人的审美追求出发，逸脱于传统书法的格式规范之外，一方面大胆地将种字符作为整体的空间基本素材予以自由化处理，另一方面又特别注意画面的构成效果与对瞬间爆发情感的表达。

尹志军

2021
十一月小

26

辛丑年十月小 廿二日	初四大雪	星期五

西斯廷幻想　邓和平　高57cm　宽110cm

《西斯廷幻想》着力表现梦幻色彩的浪漫与神秘，画面中以点、线、面的相互交叉重叠，二次艺术化了西斯廷教堂玻璃色彩的光怪陆离，同时呈现了分裂与结合的抽象美感。

邓和平

2021

十一月小

27

星期六

辛丑年十月小		
廿三日	初四大雪	

28

星期日

	辛丑年十月小
	廿四日

胸有成竹　方毅　每幅　高82cm　宽18cm（共四幅）

　　中国人自古喜竹，因"竹"与"祝"谐音，有美好祝福的寓意。竹青葱脱俗，是平安的象征，故世俗亦有"竹报平安"之语。

　　整幅作品画面错落有致，竹之形态不一，或仰或俯，或动或静，疏密相间生长在石边。作品以中国画章法构图，下笔肯定，笔力遒劲有力，以瓷代纸，以料代墨，下笔轻重缓急，用料显干湿浓淡，寄情寓意。题跋用笔老练流畅，体现了作者深厚的书法功底，也很好地诠释了作品名称的含义。

方毅

2021
十一月小

29

辛丑年十月小 廿五日	初四大雪	星期一

荷塘鱼趣　辛夷　高80cm　宽80cm

作品《荷塘鱼趣》为陶瓷综合装饰瓷板，采用高温颜色釉与釉上粉彩相结合的形式，以传统荷花与鱼为题材，运用高温色釉的窑变肌理为背景进行装饰。重粉彩的荷花娇美中不失清雅之风，厚重且有层次。图案式的鱼群装饰其中，形成韵动的节奏。作品既具有传统装饰之内涵，又彰显了现代设计之新意。

辛夷

2021
十一月小

30

辛丑年十月小 **廿六日**	初四大雪	**星期二**

碧山清影　周洋　高124cm　宽64cm

作品采用了新彩装饰手法，描绘了茂盛的山林景色，敷色以绿为主基调，层次分明，设色清雅。作品表现了深山隐居祥和安逸的气氛。

周洋

2021
十二月大

1

辛丑年十月小 廿七日	初四大雪	星期三

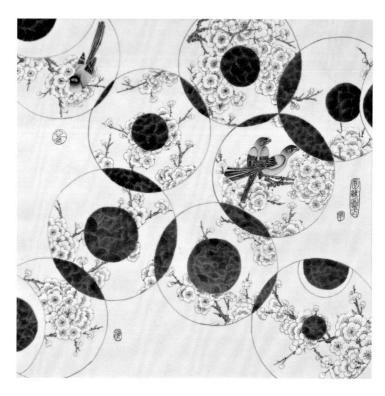

圆缘图式　辛婷　高80cm　宽80cm

《圆缘图式》为陶瓷综合装饰作品，采用釉下传统的青花装饰与釉上粉古彩相结合的形式，装饰纹式以圆形开光形式为主，装饰题材为梅花与喜鹊。作品巧妙运用瓷板的平面进行圆形的块面组合，形成韵律。作品整体色彩层次分明，既凸显传统装饰之美，又展现出现代时尚元素。

辛婷

2021
十二月大

2

辛丑年十月小 **廿八日**	初四大雪	**星期四**

泽　罗瑾　高38cm　宽29cm

本作品以器皿为水的载体，比喻时光流水中，陶瓷文化的陶瓷人对浸润与滋养，更体现了作者对陶瓷文化的孜孜探索与追求。

罗瑾

3

辛丑年十月小 廿九日	初四大雪	星期五

彩色玲珑青花斗彩斗笠碗　田慧棣　高12.5cm　口径33cm

作品结束了景德镇单纯碧绿色"素色"玲珑的历史，开创了"五彩玲珑"的多彩世界，是一件具有历史意义的作品。

田慧棣

2021
十二月大

4

星期六

| 辛丑年十一月大
初一日 | 初四大雪 | 辛丑年十一月大
初二日 |

5

星期日

瓷路　张弛　张学文　高80cm　宽480cm

　　作品将唐、宋、元、明、清、近现代等时期青花、划花、斗彩、五彩、粉彩、玲珑、色釉等经典瓷画碎片元素组构成一幅陶瓷装饰艺术史画卷，寓意中华文化艺术源远流长的脉络及景德镇陶瓷发展之"瓷路"。作品运用了刻画、雕填、釉上釉下彩绘、色釉等陶瓷装饰工艺技法，可谓是典型的陶瓷综合彩，成为诠释景德镇陶瓷装饰发展的艺术作品。

张弛　张学文

2021
十二月大

6

辛丑年十一月大 初三日	明日大雪	星期一

墨彩描金人物薄胎瓶　梁德华　高36.5㎝　口径7㎝

　　作品造型秀丽端庄，把传统薄胎瓷表现得完美无瑕，画面描绘了洛神徐徐行于浩渺的水波之上，动态委婉从容，目光凝注，俏丽传神。

　　作者采用墨彩描金的手法，线条流畅宛转，画面疏密相间。洛神衣带飘举，婀娜窈窕。作品色彩典雅鲜丽，手法细腻，用笔精妙，当为难得的佳品。

梁德华

2021

十二月大

7

辛丑年十一月大 **初四日**	**今日大雪**	大雪05时45分 **星期二**

瑞气含芳　蔡昌鉴　高56.5m　宽 112.8cm

　　作品前景为牡丹，寓意富贵吉祥，后景为辛夷花，寓意忠贞不渝。画面中心一公一母两只白头翁，寓意了白头偕老，象征着幸福美满的家庭生活。作品采用传统釉上彩装饰，敷色雅丽，以没骨与勾勒并用的技法，使得叶子的边界感与鸟的立体感在构成中得到了统一，以静和动的结合凸显了画面中这对白头翁的生动神态。

蔡昌鉴

8

辛丑年十一月大 初五日	十八冬至	星期三

早春图　吕金泉　高45cm　口径24cm

　　作品《早春图》以盖罐作为造型的基本样式，造型单纯简洁，盖钮设计突出手工意味和亲切感，整体造型气息流畅，有着强烈的时代精神和个人面貌。

　　在装饰的处理上，作品以不规则的外形作为开光的样式，突破了传统开光的刻板和拘谨。作者选择儿童作为装饰主体，采用传统青花进行装饰，着意表现儿童天真烂漫的神情和迎接春天的欢乐场景。另外，器物表面以本金进行点缀，一方面烘托了作品欢快喜庆的氛围，另一方面丰富了作品的装饰效果。

　　《早春图》从造型到装饰一气呵成，色彩单纯明快，呈现出清新典雅的美感。

吕金泉

2021
十二月大

9

辛丑年十一月大 **初六日**	**十八冬至**	**星期四**

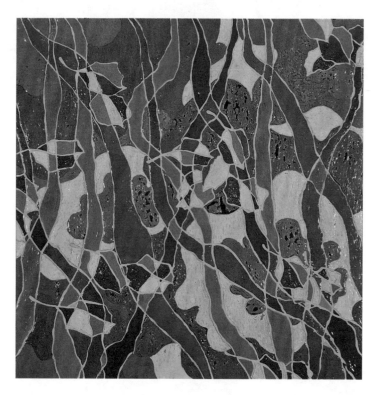

裂变 曾瑾 高80cm 宽80cm

　　作品《裂变》运用了传统陶瓷粉彩工艺厚堆的技法，重彩的渲染呈现出顽强的生命张力。纷飞的落叶与枝藤交织，具象与抽象交融，构成了绚丽的图案，表现了生命的呼唤。

曾瑾

2021
十二月大

10

| 辛丑年十一月大
初七日 | 十八冬至 | 星期五 |

净月　张曙阳　高60cm　宽60cm

《净月》瓷上绘画，尝试多边形分解、切割、重组并生成新的瓷上绘画形式，形成自己独特的陶瓷艺术语言。

张曙阳

2021
十二月大

11
星期六

辛丑年十一月大 初八日	十八冬至	辛丑年十一月大 初九日

12
星期日

吉庆有余　刘志英　高60cm　宽60cm

古彩又称五彩、硬彩，始于明，盛于清，色泽鲜明透彻，装饰性强，是广受大众认可的陶瓷装饰手法。

当代古彩作品《吉庆有余》，以松鼠纹样为主题，用点线面的形式描绘松鼠，采取了聚拢再打散的手法，不同的组合形式呈现出新的纹样特征，现代中不失传统。

刘志英

2021

十二月大

13

辛丑年十一月大 **初十日**	十八冬至	**星期一**

梦 麻汇源 高80cm 宽80cm

作品创作来源于夜深人静时，翻阅相册，回望遇到的人、作过的画、寻过的山、看见的海、游历过江南的建筑及烟雨……思绪中呈现出古老斑驳的城楼缩影，依稀渐行渐远，令人缅怀。

麻汇源

14

辛丑年十一月大 初十一日	十八冬至	星期二

知己为伴　金大翁　高48cm　腹径28cm

作品采用釉下黑料绘制，经高温烧制而成。画作用中国画的写意手法表现在陶瓷载体上，构图简洁，主题突出，用笔老练，气韵生动。作品让人们看到的是中国画的风韵、陶瓷的品格。

金大翁

2021
十二月大

15

辛丑年十一月大 十二日	十八冬至	星期三

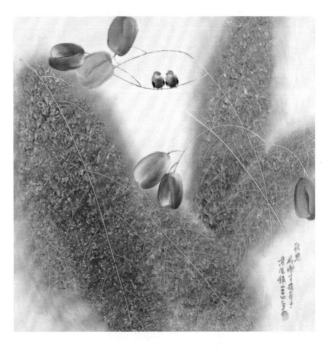

秋思　戚培才　高60cm　宽60cm

　　作者为景德镇手指画装饰的创始人。作品以简洁的点、线、面构图，运用陶瓷指画技法塑造出大开的凡叶和灵动的秋果，营造出秋季宁静悠远的画境。这种以最原始、最直接的工具——指、掌来进行的艺术创作，使得身心气场和运动痕迹存留下来，把极具个性知觉与灵感的手迹符号体现在陶瓷艺术语言的本体特征——手工演绎中。

戚培才

2021

十二月大

16

辛丑年十一月大 **十三日**	十八冬至	**星期四**

达摩悟道　高峰　高50cm

　　作品取材于达摩九年面壁的故事，塑造了一个面壁端庄、两腿曲盘、双目下视、五心朝天的形象。九年的修性坐禅，达摩终于悟出了佛法。作品造型大胆粗犷，圆中有方，方中有圆。通过素胎加新彩，作者制造出特殊的表面肌理，恰当地表现了达摩九年面壁的坚韧不拔、一心修法的精神。

高峰

17

辛丑年十一月大 **十四日**	十八冬至	**星期五**

朴真至美　中正大雅

鲁迅塑像　王世刚　高50cm　宽25cm

采用陶瓷材料创作雕塑人物肖像，比起其他材料来说难度很高，因为高温烧制后的瓷泥收缩比大，并且纵横收缩又不一样。

要塑造好鲁迅，就要突出一个"硬"字：嶙峋的骨感、棱角分明的肌肉块面、剑鞘的眉梢。表现这些细节，陶瓷有很多困难，因为高温瓷泥变软，所有的细节被收缩钝化，钢性体积感削弱。作者能达到这种效果，一定有一些看家的特殊技法。

创作陶瓷雕塑人物，除了艺术构思、造型能力之外，驾轻就熟地掌控和把握陶瓷成型工艺，是创作的前提。

王世刚

2021
十二月大

18

星期六

辛丑年十一月大 **十五日**	十八冬至

19

星期日

辛丑年十一月大 **十六日**

牧牛岁月　汪春麟　高118cm　宽70cm

　　这是一幅作者通过对自己童年的追忆而创作出的作品。作品在构图上实现了传统定式，作者努力把近、中、远的衬景，都聚焦在可爱嬉戏中的牧牛娃这个主题画面上，用笔老道，设色清雅，把清代著名画家汪士慎"春风拂面柳絮撩，不觉已近入夏到"的诗意表现的淋漓尽致。画意契合了作者追求"画自己的经历，学祖上的技法，做真诚的自己"的主题。

汪春麟

2021
十二月大

20

辛丑年十一月大 十七日	明日冬至	星期一

一苇渡江　王安维　高73cm　宽23cm

综合装饰《一苇渡江》箭筒瓶，表现了达摩一苇渡江北上嵩山少林寺的情景。微蹙的双眉、倔强而坚定的表情是其修行信念的表现。衣纹线条勾勒得劲健古拙、疏密得体、节奏感强，其笔意颇得道释人物画之风骨。江水碧波连天，意境开阔，色彩单纯素雅，处处皆显绘画之功力。

王安维

2021
十二月大

21

辛丑年十一月大 十八日	今日冬至	冬至23时48分 星期二

牧歌　刘祖良　高60cm　宽60cm

　　作者以其对江南山水的热爱之情，运用陶瓷琉璃彩工艺的手法，表现了田园生活的画面。作品技法独特，敷色洒脱，呈现出一种自然天成的效果，表达了人与自然的美妙和谐。

刘祖良

2021

十二月大

22

辛丑年十一月大 **十九日**	**初三小寒**	一九第二天 **星期三**

综合装饰陶艺钵　吴军勇　高36cm　口径46cm

　　作品造型采用手工拉胚的形式，在造型上拉出旋纹及口面曲流线，用开光的手法分出四个大的块面，分别喷刷高温蓝色釉和豆青釉装饰后，再用划花的手法表现出层层树林的纹饰。另两面用浅浮雕半刀泥的手法表现山茶花，通过高温还原焰一次烧成。整幅作品呈现出自然、空旷、静谧的艺术效果，体现出作者对高温色釉出色的驾驭能力。

　　　　　　　　　　　　　　　　　　　　　　　　　　　　　　　　吴军勇

2021

十二月大

23

辛丑年十一月大 二十日	初三小寒	一九第三天 星期四

春雨　吴能　高100cm　宽100cm

　　春分时节，春雨湿润，静谧的湖面溅起圈圈涟漪，三只鹭鸶悠闲而立。树叶轻坠，远处淡抹的云霭映衬着一派倘佯。画面布局疏密有致，敷色清新俊雅，落笔遒劲，立意高远，营造出置身于恬静的世外桃源氛围。作者力求探索创新手法，采用现代装饰表现形式，结合釉上新粉彩工艺，使作品呈现出赏心悦目的画面效果。

吴能

2021
十二月大

24

辛丑年十一月大 **廿一日**	初三小寒	一九第四天 **星期五**

芦中栖禽图　何勇　每幅　高180cm　宽110cm（共三幅）

　　茂盛的芦苇中，一群八哥在栖息觅食，陶醉在丰华秋实之中。作品采用青花装饰手法经高温烧成，着色浑雄厚重，用笔灵动飘逸，情景交融，疏密有致，给人以赏心悦目的视觉效果。

何勇

2021

十二月大

25

星期六

一九第五天 廿二日	初三小寒

26

星期日

一九第六天
廿三日

一路向阳　舒惠学　高100cm　宽100cm

《一路向阳》表现的是葵花和迎着朝阳飞翔、红晕（鸿运）当头的小鸟，寓意事业欣欣向荣。

富有韵律的构图与不同凡响的色彩构成了作品强烈的艺术感染力。特别是高品质的色彩品相，是作者通过不断探索实践获得的。他发现不同的陶瓷色料除了严谨的配方，还有苛刻的烧成要求，特别是黄色，烧成范围非常狭窄，优劣成败往往就在微小的差异之间。这件作品就采取了按色别分多次烧制的方法。

舒惠学

2021
十二月大

27

辛丑年十一月大 **廿四日**	初三小寒	一九第七天 **星期一**

丽人行　饶晓晴　高84cm　宽173cm

　　作品在使用景德镇传统粉彩山水人物画技法的同时，结合当代颜色釉技法，在抽象的颜色釉窑变中依形附势来表现传统中式人物，并结合历史人物典故布局，使得整体画面更具人文内涵，达到妙趣天成、浑然一体的艺术效果。

饶晓晴

28

辛丑年十一月大 廿五日	初三小寒	一九第八天 星期二

百花开尽木单春　徐硕　高50cm　直径40cm

本作品是作者使用传统粉彩花卉技法耗时两年制作而成的。画工精细，品格高雅。作者在使用传统技法的同时注重与当下审美意趣的结合，使得画面生动，雅俗共赏。画面工整却不失趣味，真正做到了妙趣天成、情趣高雅，体现了当代景德镇陶瓷艺术创作者的匠心精神。

徐硕

29

辛丑年十一月大	初三小寒	一九第九天
廿六日		星期三

进学解　谭子明　高47cm　直径22cm

　　"业精于勤，荒于嬉；行成于思，毁于随。"多少人将其作为自己的座右铭。六百四十字小楷书于瓶身，不作任何装饰，陶瓷之净映衬着灵动之小楷，给人以清新庄重之感。红色题签增其古雅之气，又与行款之印相呼应，使作品完整而不突兀。上下古厚的瓦当纹样给作品增添了传统古风之意，衬托正文清新俊雅。

谭子明

2021
十二月大

30

辛丑年十一月大 **廿七日**	初三小寒	二九第一天 **星期四**

"醉花阴"瓷板　陈少岳　高130cm　宽130cm

　　作者在创作中紧紧围绕传统与现代、浪漫与现实、抽象与具象，即传承、内容、形式三要素构图布局，将三者融合形成画面主体，在泥与火的偶然和必然之间寻找一种全新的艺术表现语言。

陈少岳

2021

十二月大

31

辛丑年十一月大 **廿八日**	初三小寒	二九第二天 **星期五**

清漓图　赵明生　高83cm　宽46cm

冯骥才先生在回答什么是文人画传统时说道："文人立场，独立品格，个性为本，直抒胸意。"
作者创作的《清漓图》是在多次实地写生的基础上，在被漓江独特的自然地貌所震撼的情况下创作的作品。作品山水的皴法和设色都具鲜明的个人风格，表达了作者对幽雅田园生活的向往，赞颂了祖国山河的壮美。

赵明生

釉色初语　熊亚辉　高44cm　宽80cm

作品釉色的自然天成、艺术的巧夺天工，把天空透亮、冰雪融化、大地苏醒的大自然气象变化万千之景象表现得淋漓尽致，静谧的画面让呼吸不由屏住，让心灵更加纯净。

"入窑一色，出窑万彩。"颜色釉瓷可遇而不可求，正如美好的自然环境，需要我们用心去感受、用情去触摸。

熊亚辉

仕女图薄胎瓶　蒋礼军　高49cm　　口径11.2cm

　　薄胎瓷是景德镇陶瓷传统艺术中的一种陈设瓷，它的技术含量主要体现在利坯工序上，烧成白胎最薄的地方不到0.5毫米，有"薄如蝉翼、轻如浮云"之美名。

　　传统薄胎瓷多以古代仕女画面装饰，作品线条简劲流畅，笔墨工整细致，人物布局疏密得体，设色明丽鲜艳，体现了景德镇传统薄胎瓷工艺的精湛水平。

蒋礼军

戏水图　刘新凯　高80cm　宽170cm

　　作品描绘了茂密芦苇中三只虎在水中嬉戏，时浪花飞舞的场景。在大型猫科动物中，老虎最喜欢戏水，但鲜有人画。作者通过长久的户外写生，摄取老虎可爱的生活场景入画，表达了人与动物和谐共存的理念，也提示了人类应该加大保护野生动物的力度。

刘新凯

江日晴晖　况冬苟　高57cm　宽80cm

　　作者运用新彩和粉彩的表现技法，充分发挥材质的特性，把烟霭弥漫的南方江畔描绘得情景交融、诗意盎然。"水阔风高日复斜，扁舟独宿芦花里。"此情此景跃入眼帘，抒发了作者清逸娴静的情怀。

况冬苟

万马奔腾　朱乐耕　高75cm　底宽47cm

作品造型以马头的抽象概念塑造"似马非马"的形象，装饰手法从民间陶瓷红绿彩中找到创作的灵感，主体以红绿色为主，点缀少些黄蓝紫色，呈现出热情洋溢、勃勃生机的骏马气势，似有万马奔腾的感染力。泥土与火的淬炼，变幻出一种精神的承载。

朱乐耕

多子多福　何炳钦　高86cm　宽86cm

　　彩色刻花综合装饰是作者从传统刻花装饰形式中创新的一种装饰形式，丰富了景德镇陶瓷艺术的装饰门类。作品主要在艺术表现形式上采用构成的方式，疏密有致地表达石榴的花繁叶茂、果实丰硕。热烈的暖色调表达了秋天丰收的祥和气息。

何炳钦

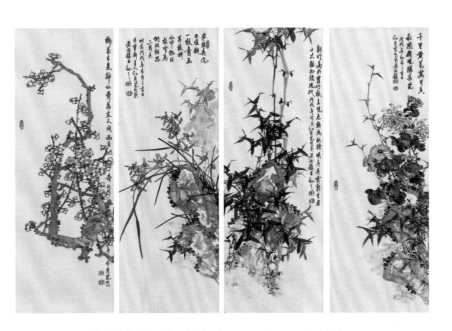

梅兰竹菊　江月光　每幅　高82cm　宽29cm（共四幅）

　　"梅寒而秀，兰馨而文；竹瘦而寿，菊晚而节。"梅、兰、竹、菊雅称"四君子"，也是文人画常撷取的"咏志"题材。

　　瓷板四条屏展示面分别以青花笔触表现，"四君子"的风姿神采形象生动、料色明晰、技法精到。青花色的浓淡干湿、线的粗细长短等，体现了作者娴熟的绘画功力。

江月光

秋荷　俞军　高173cm　宽85cm

　　作品借用郑板桥诗意"秋荷独后时，摇落见风姿"，以冷暖色彩表现秋荷卓尔不群的秀美风姿，
线描意到笔不到，色彩斑驳陆离。

　　大瓷板高温烧制难度大，在泥板上施釉厚薄不均，通过高温窑变产生开裂斑驳等自然现象，增添
了几分秋荷神似情趣，体现了作者高超的色釉驾驭能力。

俞军

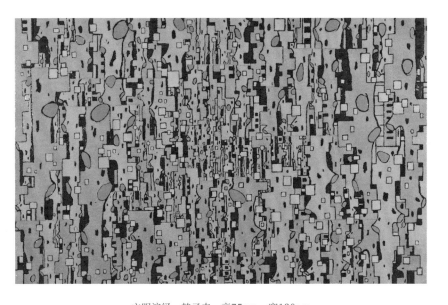

文明演绎　韩子丰　高75cm　宽120cm

作品极具现代审美意味。画面将城市森林建筑幻化成大自然树林的无限生机，寓意人与自然和谐共处的美好愿望。

韩子丰

渔乡神韵　黄水泉　高40cm　宽28cm

　　陶瓷釉上泼彩装饰技法源于中国画泼墨技法，是将一种或多种陶瓷颜料分别用油料稀释后，按作品创作构思泼洒在陶瓷瓶体上，在人为控制下，将色料相互渗入、融合，形成具有独特肌理的物象的技法。其画面色彩绚丽、肌理丰富，构成一种天然的美感，且时代气息浓郁，吻合现代人的审美需求。

　　主体装饰画面采用抽象与具象相互映衬的绘画表现手法。瓶体上下两圈影青刻花装饰，加之瓶颈部一圈画面题款，使瓷瓶造型与装饰浑然一体。整件作品色彩鲜明雅致、美不胜收。

黄水泉

仙山琼楼　汪明　高30cm　宽45cm

艺术创作是一种生命转换的过程，即把最深刻的生命——心灵有姿有态地尽情呈现出来。这过程是倾诉，也是絮语。作者创作的《仙山琼楼》粉彩山水瓷板，表达了其卓尔不群的意境构思。

汪明

瀑声惊飞鸟　徐子印　高50cm　宽50cm

陶瓷釉上泼彩画摆脱了传统的皴石法，利用陶瓷材料自身的艺术语言和审美特征，自然肌理与墨韵构成非现实的山水形象和时空，营造的"意向山水画"精致细腻，令人耳目一新。

徐子印

竹言蕙语　秦胜照　高55cm　宽106cm

　　兰与竹因其自然形态的优美与生长特性，常被人用来赞喻道德情操高尚，寄托理想信念，成为当代艺术家常画不衰、常画常新的永恒题材。

　　作者用娴熟洒脱的青花写意笔调描绘幽兰的香韵和翠竹的节气，构图疏密有致，勾花点叶，飘逸秀雅，犹如置身听兰洗心、观竹尚节之境界。

秦胜照

山村瑞雪兆丰年　余仰贤　高60cm　宽60cm

作品是作者早年赴皖赣边界踏雪深入生活写生后创作的。

作品没有北国千里雪飘之势，而是采用了高远视觉的构图方法，用工笔兼写意之手法，描绘了江南山乡一隅雪霁的情景。观其间，山村挂玉，群山披银，冰封寒林，好一派南国山村银装素裹之秀态。作者为了抒发内心对来年丰收年的愿景，在悬崖危峦处点缀数只不惧风雪张力翱翔的山鹰，农舍大门上一对春联醒目而出，呈现了"冬寒春意在，色暗暖气生"的点睛艺术效果。

画面充满了浓郁的乡土生活气息和时代特点。

余仰贤

欢畅　熊军　高83cm　宽170cm

　　作者以高温色釉为材料，创作了以大海为主题的瓷板作品。作品构图新颖，作者取材不拘一格，通过局部特写来反映大海的面貌。这种感染力的传导当然有赖于作者对画境的理解、对色彩的综合运用、文学的造诣以及多年锤炼的娴熟技巧。

熊军

静气超然　黄勇　高114cm　宽58cm

　　作品采用散点式布局，别具一格，新颖脱陈，体现了作者自传统入、从造化出的进取探索，呈现出精巧构思与人文内涵相融互衬的艺术效果。画面表现气韵灵动、潇洒俊雅，蕴含了作者逸雅与刚柔的文人气质。

黄勇

道　刘远长　高52cm　宽46cm

塑造老子造型的艺术品，一般是以老子出关为题材进行创作。这件作品跳出老子出关程式化的表现，以稳固的三角形造型，塑造了老子盘腿而坐、认真看《道德经》的一个场景。我们可以通过这件作品看到老子的精神气度以及"立天地之间，抒自然之气"的无我境界。

刘远长

印象山水之四　龚循明　高86cm　宽52cm

　　作品通过强有力的黑色线条的平面切割穿插，以色块的组合、色彩的语言构成画面的动感韵律。方与圆的线条交叉呼应，融合了写实抒情，直线与曲线的交汇构成抽象色块。"印象山水"系列作品是作者近两年的新作。在这个探索过程中，可以看到作者艺术表现不断革新的步伐。

龚循明

青花斗彩鸡缸杯　瑞窑工坊　高3.8cm　口径8.2cm

　　杯呈缸形，口微撇，弧腹，卧足。外壁绘青花月季湖石、萱草湖石各一组，衬以主题母鸡带小鸡从容啄食的场景，极其生动亲切。

　　此作鸡缸杯无论是形制还是釉色、彩工，甚至器量，都可与明朝成化年间的鸡缸杯相媲美，体现了当代景德镇传承制瓷的高超水准。

景德镇瑞窑工坊出品

绿地粉彩吉祥纹贲巴壶　三和堂　高20cm

　　贲巴壶造型别致，以乾隆器物为宗。本器通体绿地粉彩，以绘制吉祥花卉图案为主题，流底与壶身相接处用红彩绘成龙头形，点饰金彩。作品工致殊常、设色妍丽、雍容端庄。"贲巴"为藏语音译，梵音原作"军持"，既藏语"瓶"的意思。

景德镇三和堂出品

描金花卉长颈瓶　御瓷坊　高44.1cm　肚径21.7cm

　　花瓶造型挺拔饱满，稳重大方。瓶身主体呈鹅蛋形，耸肩收足。瓶颈及外撇底足用黑底本金加粉彩描如意纹、多子多福、寿字吉祥纹。瓶身主体施湖蓝地皮，用矾红、古紫、水绿绘折枝菊花通景图。

　　吉祥如意、富贵平安是这件作品的主题所在，原件属景德镇清代御窑厂出品，旷世奇工，尽显皇家气韵，华贵娇艳。

御瓷坊出品

芳华汝瓷组杯　善隐陶瓷

　　该组杯造型在传统汝瓷造型基础上，融入现代设计，敦实古朴而不失轻巧。通体施以汝釉，素面无纹，以釉色取胜。汝釉中含有玛瑙，经高温烧制而成。该组杯得汝釉之神形，釉汁肥润莹亮，色泽青翠华滋，视之如堆脂碧玉。有的杯身釉不过足，露出铁质底胎，不规则的垂釉浑然天成，凸显自然质朴之气息，如山水清音般自然纯净。

景德镇善隐陶瓷出品

青花斗彩竹纹套组　浩然堂

斗彩又称逗彩，是瓷器釉下青花和釉上彩相结合的一种装饰手法。"斗"在景德镇方言中意为两物拼合在一起，收藏家誉称争奇斗艳。

竹石图为古代文人画中喜爱的题材。此图仅绘一湖石立于画面正中，湖石造型奇特，上大下小，且略向左倾斜。倚附在石后，有两株修竹拔地而起，枝干挺拔直上，枝叶茂盛，伸展至画幅上端，可谓顶天立地。

浩然堂出品

国色天香　王青　高80cm　腹径41cm

青花斗彩始于明成化时期。它是釉下用青花料勾线烧成后，釉上填彩烤花完成的。

这件作品区别于传统意义上的青花斗彩，先在坯上用分水、勾线描筋的手法完成了青花枝叶部分，釉上用没骨画法画牡丹花头。釉下渲染的青花、釉上夺目的红黄形成了层次丰富的强烈反差效果。分水和没骨画法把牡丹的雍容华贵展现得惟妙惟肖。

王青

紫砂宝石彩　傅岩春　高81.5cm　腹径43cm

在紫砂花瓶上装饰作画，能够给我们留下印象的作品不多。

作者另辟蹊径，取反道而行之：浓艳的粉色莲荷、碧翠的绿叶、遒劲交错的枝蔓，匍匐依托在深暖色调的紫砂器上。色彩的强烈反差、细腻与粗犷的材质对比、巧线与拙型的有机贴合，诠释了"俗到极处便是雅的审美哲学观念"。

傅岩春

八仙过海　俞瑞林　高106cm　宽36cm

　　《八仙过海》扇面瓷板画运用景德镇粉彩工艺的手法，表现了道教人物八仙题材。

　　作品依托扇面造型进行构图，章法布局灵韵。人物造型性格鲜明，线条隽永秀丽、疏密有致，用色艳而不俗，体现了景德镇传统粉彩工艺的特点。

俞瑞林

朴真至美 蕤枓 中正大雅

图版索引

中正大雅
朴真至美

2022

壬寅

日	一	二	三	四	五	六
						1
						元旦
2	3	4	5	6	7	8
三十	十二月大	小寒	初四	初五	初六	初七
9	10	11	12	13	14	15
初七	初八	初九	初十	十一	十二	十三
16	17	18	19	20	21	22
十四	十五	十六	十七	大寒	十九	二十
23	24	25	26	27	28	29
廿一	廿二	廿三	廿四	廿五	廿六	廿七
30	31					
廿八	除夕					

1

日	一	二	三	四	五	六
		1	2	3	4	5
		春节	初二	初三	初四	初五
6	7	8	9	10	11	12
初六	初七	初八	初九	初十	十一	十二
13	14	15	16	17	18	19
十三	十四	元宵节	十六	十七	十八	雨水
20	21	22	23	24	25	26
二十	廿一	廿二	廿三	廿四	廿五	廿六
27	28					
廿七	廿八					

2

日	一	二	三	四	五	六
		1	2	3	4	5
		廿九	二月小	初二	惊蛰	
6	7	8	9	10	11	12
初四	初五	妇女节	初七	初八	初九	植树节
13	14	15	16	17	18	19
十一	十二	十三	十四	十五	十六	十七
20	21	22	23	24	25	26
春分	十九	二十	廿一	廿二	廿三	廿四
27	28	29	30	31		
廿五	廿六	廿七	廿八	廿九		

3

日	一	二	三	四	五	六
					1	2
					三月大	初二
3	4	5	6	7	8	9
初三	初四	清明	初六	初七	初八	初九
10	11	12	13	14	15	16
初十	十一	十二	十三	十四	十五	十六
17	18	19	20	21	22	23
十七	十八	十九	谷雨	廿一	廿二	廿三
24	25	26	27	28	29	30
廿四	廿五	廿六	廿七	廿八	廿九	三十

4

日	一	二	三	四	五	六
1	2	3	4	5	6	7
国际劳动节	初二	初三	青年节	清明节	初六	初七
8	9	10	11	12	13	14
初八	初九	初十	十一	十二	十三	十四
15	16	17	18	19	20	21
十五	十六	十七	十八	十九	二十	小满
22	23	24	25	26	27	28
廿二	廿三	廿四	廿五	廿六	廿七	廿八
29	30	31				
廿九	五月大	初二				

5

日	一	二	三	四	五	六
			1	2	3	4
			国际儿童节	初四	端午节	初六
5	6	7	8	9	10	11
初七	芒种	初九	初十	十一	十二	十三
12	13	14	15	16	17	18
十四	十五	十六	十七	十八	十九	二十
19	20	21	22	23	24	25
廿一	廿二	夏至	廿四	廿五	廿六	廿七
26	27	28	29	30		
廿八	廿九	三十	六月大	初二		

6

日	一	二	三	四	五	六
					1	2
					建党节	初四
3	4	5	6	7	8	9
初五	初六	初七	小暑	初九	初十	十一
10	11	12	13	14	15	16
十二	十三	十四	十五	十六	十七	十八
17	18	19	20	21	22	23
十九	二十	廿一	廿二	廿三	廿四	大暑
24	25	26	27	28	29	30
廿五	廿六	廿七	廿八	廿九	七月小	初二
31						
初三						

7

日	一	二	三	四	五	六
	1	2	3	4	5	6
	建军节	初五	初六	七夕节	初八	初九
7	8	9	10	11	12	13
立秋	十一	十二	十三	十四	中元节	十六
14	15	16	17	18	19	20
十七	十八	十九	二十	廿一	廿二	廿三
21	22	23	24	25	26	27
廿四	廿五	处暑	廿七	廿八	廿九	八月大
28	29	30	31			
初二	初三	初四	初五			

8

日	一	二	三	四	五	六
				1	2	3
				初六	初七	初八
4	5	6	7	8	9	10
初九	初十	十一	白露	十三	十四	中秋节
11	12	13	14	15	16	17
十六	十七	十八	十九	二十	廿一	廿二
18	19	20	21	22	23	24
廿三	廿四	廿五	廿六	廿七	秋分	廿九
25	26	27	28	29	30	
三十	九月小	初二	初三	初四	初五	

9

日	一	二	三	四	五	六
						1
						国庆节
2	3	4	5	6	7	8
初七	初八	重阳节	初十	十一	十二	寒露
9	10	11	12	13	14	15
十四	十五	十六	十七	十八	十九	二十
16	17	18	19	20	21	22
廿一	廿二	廿三	廿四	廿五	廿六	廿七
23	24	25	26	27	28	29
霜降	廿九	十月大	初二	初三	初四	初五
30	31					
初六	初七					

10

日	一	二	三	四	五	六
		1	2	3	4	5
		初八	初九	初十	十一	十二
6	7	8	9	10	11	12
十三	立冬	十五	十六	十七	十八	十九
13	14	15	16	17	18	19
二十	廿一	廿二	廿三	廿四	廿五	廿六
20	21	22	23	24	25	26
廿七	廿八	小雪	三十	十一月小	初二	初三
27	28	29	30			
初四	初五	初六	初七			

11

日	一	二	三	四	五	六
				1	2	3
				初八	初九	初十
4	5	6	7	8	9	10
十一	十二	十三	大雪	十五	十六	十七
11	12	13	14	15	16	17
十八	十九	二十	廿一	廿二	廿三	廿四
18	19	20	21	22	23	24
廿五	廿六	廿七	廿八	冬至	三十	十二月大
25	26	27	28	29	30	31
初三	初四	初五	初六	初七	初八	初九

12

2021"美术日记"

　　为贯彻落实习近平总书记在视察江西时作出的"建好景德镇国家陶瓷文化传承创新试验区,打造对外文化交流新平台"的重要指示精神,2021年"美术日记"以中国景德镇陶瓷为主体内容编辑而成,旨在推广介绍景德镇陶瓷的发展概貌,弘扬中国陶瓷文化。

　　"美术日记"台历的内容主要包括:①古代部分主要介绍宋、元、明、清经典瓷器样式和纹饰。②复制陶瓷主要体现历代传承工艺的精湛技艺。③当代日用瓷系列重点体现当代创新创意生活用品陶瓷。④艺术陈列陶瓷主要体现丰富多彩的装饰表现和现代陶艺的发展趋势。每件作品都附赏析,力求从科学性、艺术性、知识性入手,多角度对陶瓷作品进行介绍,从而使读者了解中国陶瓷的基本知识,提升陶瓷鉴赏水平。

余乐明

图书在版编目（CIP）数据

2021美术日记：景德镇陶瓷专辑 / 余乐明编著. --
北京：人民美术出版社，2020.10
ISBN 978-7-102-08593-7

Ⅰ.①2… Ⅱ.①余… Ⅲ.①历书-中国-2021②陶
瓷艺术-介绍-中国 Ⅳ.①P195.2②J527

中国版本图书馆CIP数据核字(2020)第185798号

2021美术日记：景德镇陶瓷专辑
2021 MEISHU RIJI : JINGDEZHEN TAOCI ZHUANJI

编辑出版	人民美术出版社
	（北京市朝阳区东三环南路甲3号　邮编：100022）
	http://www.renmei.com.cn
	发行部：（010）67517601
	网购部：（010）67517743
编　著	余乐明
责任编辑	徐　洁　陆娇娇　路　卿
装帧设计	徐　洁
责任校对	白劲光
责任印制	宋正伟
制　版	朝花制版中心
印　刷	鑫艺佳利（天津）印刷有限公司
经　销	全国新华书店

版　次：2020年10月第1版
印　次：2020年10月第1次印刷
开　本：889mm×1194mm　1/32
印　张：22
印　数：0001—11000册
ISBN 978-7-102-08593-7
定　价：99.00元
如有印装质量问题影响阅读，请与我社联系调换。（010）67517602

美術日記